KB143568

바이러스란
도대체 무엇인가

바이러스란
도대체 무엇인가

미야자와 타카유키 지음
이정현 옮김

편집자의 말

2019년 말 코로나19 바이러스가 중국 우환에서 처음 발견되었을 때만 해도 우리의 일상이 이렇게 발칵 뒤집어 질 줄은 아무도 예상하지 못했습니다. 모두가 일제히 마스크를 썬 채 눈만 내 놓고 다녀야 하고, 집합시설 출입 시 의무적으로 QR코드를 찍거나 전화번호를 남겨 개인정보를 유출해야 하는 황당한 현실이 시작 될 줄을 말입니다.

불편한 일상이 계속되자 짜증도 나고, 원인모를 불안과 우울증으로 심리적 어려움을 호소하는 사람들도 많아 졌습니다. 어디론가 훌쩍 떠나고 싶은데 마음대로 안 되는 세상입니다. 백신 접종으로 단계적 일상회복(위드 코로나)을 시도하고 있지만 아직 샴페인을 터뜨리기엔 이른 것 같습니다. 보다 센 변이 바이러스 출현으로 코로나 악몽은 끝나지 않았고 돌파 감염과 함께 확진자수는 여전히 증가하고 있기 때문에 재 확산의 두려움은 계속되고 있습니다.

인류의 가장 큰 적이라고 할 수 있는 바이러스.

도대체 코로나 바이러스란 무엇이고 왜 인간을 위협하는 걸까요? 바이러스는 숙주세포가 있어야만 번식할 수 있고 크기도 극도로 작습니다. 생물도 아니고 그렇다고 무생물도 아닌 그 중간 단계로 '생물인 듯 생물 아닌 무생물 같은 생물'이라고나 할까요.

자연계에는 동물이 숙주일 때 아무런 질병을 일으키지 않다가 인간에게 전이되는 순간 무서운 질병으로 이어지는 바이러스가 무수히 많다는 사실을 알게 되었습니다. 여기에는 생소하고 수수께끼 같은 레트로바이러스도 등장합니다. 레트로바이러스는 저자가 이 책의 상당부분을 할애해서 강조하고 있는 중요한 바이러스중 하나로 생명체의 태반 형성과 진화의 메커니즘에 관여하는 매우 신비로운 바이러스입니다. 저자는 현재의 코로나 백신도 충분한 검증 없이 접종이 이루어지고 있는 점과 그 리스크에 대해서도 냉정하게 언급하고 있습니다. 그러면 바이러스는 인간에게 해악을 끼치는 불필요한 존재일까요?

지구는 하나의 생명체입니다. 바이러스가 없으면 인간도 동물도 진화하지 못합니다. 단지 무분별한 야생동물의 포획과 숲의 파괴가 인간을 위협할 뿐입니다. 바이러스는 결코 잘못이 없습니다.

정영국

목차

제 2 장
인간은 바이러스와 함께 살아간다

제 3 장
도대체 '바이러스'란 무엇인가

제 5 장
생물의 유전자를 바꿔 버리는 '레트로바이러스'

제 6 장
인간의 태반은 레트로바이러스에 의해 생겨났다

제 7 장
생물의 진화에 공헌해온 레트로바이러스

프롤로그

코로나19는 우리 사회에 큰 영향을 끼쳤습니다. 중증 질환으로 고통을 겪은 사람도, 세상을 떠난 사람도 있습니다. 사회적 거리 두기나 영업시간 단축으로 심각한 경제적 손실을 입은 사람도 많습니다.

코로나19 종식은 인류가 바라는 바이지만, 코로나19가 끝나더라도 안심할 수는 없을 것입니다. 새로운 바이러스가 자신의 차례를 기다리고 있기 때문입니다.

자연계에 존재하는 바이러스는 코로나19 만이 아닙니다. 인간에게 감염을 일으켜 질병으로 발전하는 바이러스는 주로 동물에서 시작되는데 동물의 세계에는 바이러스가 무수히 존재합니다.

지금까지 바이러스 연구자들은 인간과 관련된 바이러스에 비해 동물 바이러스에 대해서는 큰 관심을 보이지 않았습니다. 하지만 동물 바이러스에 관해 연구가 이루어지지 않으면 또다시 동물 바이러스가 인간 사회에 전이되어 큰 혼란을 야기할 수 있습니다. 코로나19의 사례를 교훈 삼아 다양한 동물 바이러스를 염두에 두고 다음 바이러스에 대비해야 하지 않을까요. 이 책에서는 동물계의 무서운 바이러스를 포함해 다양한 바이러스를 여러분께 소개하고자 합니다.

그렇다고 자연계에 존재하는 모든 바이러스가 다 공포스럽다는 얘기는 아닙니다. 바이러스 중에는 인간의 탄생에 도움을 주는 바이러스, 진화를 촉진하는 바이러스, 암을 억제하는 바이러스 등 이로운 바이러스도 많습니다.

그 중에서도 특히 독특한 메커니즘을 가지고 있는 '레트로바이러스'라는 것이 있습니다. 레트로바이러스는 쉽게 말하면 숙주[01]의 유전자 정보인 DNA(게놈)에 있는 바이러스 정보를 바꾸어 버리는(자신의 RNA를 DNA로 역전사 시킴) 바이러스입니다(제5장에서 상세히 설명합니다). 레트로바이러스는 면역계통에 혼란을 일으키거나 면역세포를 제거해서 면역기능을 억제하는 경우도 있지만 반대로 DNA를 변화시켜 생물을 진화시키기도 합니다.

레트로바이러스는 물론 지금도 존재하지만 몇 천만 년 혹은 몇 억 년 전부터 지구상에 많이 존재해 왔습니다. 실은 이런 고대 레

---

01 숙주(host 宿主): 생물이 기생하는 생명체에 영양분과 서식지를 제공하는 유기체.

트로바이러스가 현재 우리의 게놈 DNA 속에도 찾아볼 수 있습니다. 인간의 유전정보인 게놈 중 9%가 레트로바이러스에서 유래한 유전자 배열 정보입니다.

그렇다면 왜 현대인들의 DNA에 고대의 바이러스 정보가 이렇게 많이 남아 있는 것일까요. 아직 밝혀지지 않은 부분이 많지만 계속 연구를 거듭하면 생명 탄생의 메커니즘이나 진화의 메커니즘을 밝혀낼 실마리를 찾을 수 있을 것입니다. 레트로바이러스에 대해 알면 우리 인간을 포함한 생물이 한편으로는 바이러스와 싸우면서 또 한편으로는 서로를 이용하면서 공존해 온 측면도 있다는 점을 이해하게 될 것입니다. 생물과 바이러스는 '공진화(共進化함께 진화)'해 온 것입니다.

저는 교토대학에서 1학년(전체 학부) 대상 과목인 '바이러스학과 면역학 최전선', 전학년(전체 학부) 대상인 교양과목 '생명과 과학', 의대 2학년과 의과학 석사 1학년 대상 미생물학인 '인수(人獸) 공통 바이러스 감염학'을 가르치고 있습니다. 그리고 또 다른 대학이나 고등학교에서도 강의하고 있습니다.

이 책은 고등학생도 충분히 이해할 수 있는 내용을 위주로 썼지만 때때로 어려운 내용이 나올 수도 있습니다. 만일 이해하기 힘든 부분이 있으면 고민하지 말고 다음으로 넘어가시면 됩니다. 반대로 바이러스학 전공자의 경우에는 좀 더 전문적인 설명이 필요할 수도 있습니다. 그럴 때는 책 마지막에 게재한 참고문헌 리스트를 참조해 주시기 바랍니다.

이 책을 통해 많은 분들이 미스터리한 바이러스의 구조와 역할에 관심을 가지게 되신다면 저자로서 매우 기쁠 따름입니다.

제1장
새롭게 출현할 가능성이 있는 동물계의 바이러스

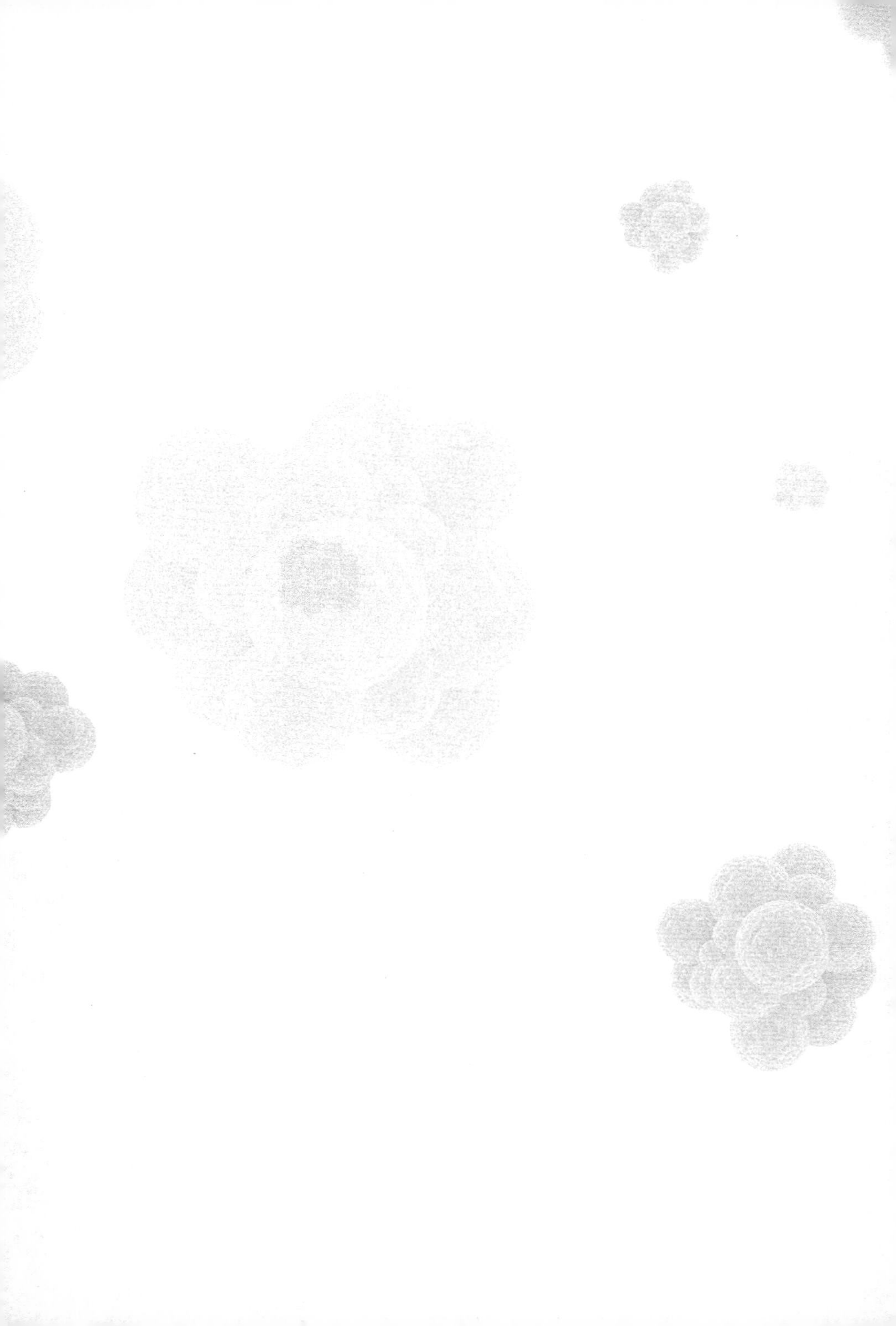

신종 바이러스성 감염증은 예상치 못한 곳에서 시작된다

코로나19(SARS-CoV-2, COVID19)는 2019년 말부터 전 세계로 확산해 지구촌 곳곳에서 대체 이 사태를 어떻게 해야 하는지 우왕좌왕하는 가운데 현재에 이르고 있습니다.

그런데 이와 똑같은 현상은 과거에도 이미 일어난 적이 있습니다. 2002년~2003년에 사스(SARS) 코로나바이러스, 2012년~2015년 메르스(MERS) 코로나바이러스(중동 호흡기증후군)가 유행했을 때도 전 세계적으로 큰 혼란이 일어났습니다.

당시 저는 영국 유니버시티 컬리지 런던 유학을 마치고 2001년에 귀국해 오사카대학의 미생물질환연구소에 새로 생긴 이머징 감염증 연구센터(이머징 감염증: 신종 감염증)에서 연구를 하고 있었습니다.

사스 코로나바이러스가 등장하자 일본 바이러스학회는 어떻게 하면 신종 바이러스 감염증을 극복할 수 있을 것인가에 대해 고민했습니다. 이때 제가 오사카대학 동창회지 성격의 간행물에 '신종 바이러스 감염증은 성과의 뒷문으로 쳐 들어온다'고 썼던 것이 기억납니다.

이것은 그다지 경계하지 않는 곳에서 무방비 상태일 때 공격을

당한다는 뜻이었습니다. 신종 바이러스는 '이 바이러스는 무서우니까 조심하자!'하고 경계하는 곳이 아니라 전혀 예상치 못했던 곳에서 갑자기 나타납니다.

당시 저는 '신종 바이러스 연구에는 선택과 집중이 필요하다'는 글로 경종을 울리려고 했고 지금도 그런 생각에는 변함이 없지만 세상은 그와는 반대 방향으로 나아가고 있습니다.

현대 사회는 연구 분야에서 눈앞의 성과를 추구하게 마련입니다. 바이러스 연구도 마찬가지라 지금 당장 문제가 되고 있는 바이러스를 선택해 그 바이러스를 집중적으로 연구하는 경향이 있습니다. 그런데 신종 바이러스 감염증은 그렇게 선택된 바이러스가 아닌 다른 바이러스가 일으키는 경우가 거의 대부분이고 예기치 못한 큰 문제로 발전합니다.

즉 선택과 집중이 필요한 것이 아니라 모든 바이러스에 대해 빠짐없이 연구해 둬야 신종 바이러스 감염증에 대처할 수가 있습니다.

하지만 대학에서 연구를 진행할 때 사람에게 감염을 일으켜 문제가 되고 있는 바이러스에는 연구비 예산이 많이 책정되지만 앞으로 사람에게 감염을 일으켜 크게 문제가 될 가능성이 있는 동물 바이러스에는 예산이 거의 배정되지 않습니다. 왜냐하면 현시점에서 인간에게 감염을 일으키지 않았고 문제가 되지 않고 있기 때문입니다.

코로나바이러스도 마찬가지로 2002년에 사스 코로나바이러스가 출현하기 전까지는 의학계에서 연구 대상으로 주목받지 못했습니다.

하지만 제가 속한 수의학 세계에서 코로나바이러스는 동물에게 감염을 일으키는 매우 일반적인 바이러스로 골치 아픈 문제아로 취급되고 있어서 연구도 상당히 진행된 상태입니다.

의학 분야에서는 인간에게 감염되는 코로나바이러스가 연구 대상입니다. 다만 2002년 이전까지는 인간에게 감염되는 코로나바이러스는 기껏해야 감기 증상 정도만 일으키는 종류였기 때문에 연구하는 사람도, 예산도 적었습니다.

현재 대학의 바이러스 연구는 위기에 처해 있습니다. 국립대학은 2004년에 법인화되어 국립대학법인이 되었고, 그때부터 정부는 대학에 지급하던 기초 경비(운영비 교부금)를 매년 1% 삭감하고 있습니다. 동시에 서로 경쟁적인 연구비의 비율을 높이고 경쟁적 연구비에서 간접경비의 형태로 대학에 운영자금이 지급됩니다.

이전에는 대학의 연구실에 일정한 금액의 운영비가 배분되어 그 돈으로 연구를 할 수 있었는데 지금은 운영비가 거의 '새 발의 피' 정도라 연구는커녕 연구실 운영에 필요한 경비조차 턱없이 부족한 실정입니다. 따라서 연구자가 경쟁적 연구비를 따내지 못하면 연구실을 유지할 수 없습니다. 그런데 경쟁적 연구비는 말 그대로 경쟁이 치열해 채택률이 고작 10~30%에 그치고 있습니다. 결과적으로 많은 연구실이 거의 연구를 못하고 있는 상황에 처해졌고 그 직격탄을 맞은 것이 바로 마이너한(관심이 덜 한) 바이러스를 연구하던 연구자들입니다.

선택과 집중을 하지 않고 동물을 포함해 다양한 바이러스에 연구비를 두루두루 조금씩이나마 투입했다면 동물에서 시작해 인간에게 감염될 가능성이 있는 바이러스의 연구가 좀 더 많이 이루어졌을 것이란 얘기입니다.

2002년에 사스 코로나바이러스, 2012년에 메르스 코로나바이러스, 2019년에 코로나19 바이러스 순으로 동물 바이러스가 인간 세계에 전이되어 전 세계적으로 많은 사망자가 발생했습니다.

동물 바이러스를 폭넓게 연구하지 않으면 신종 바이러스 감염증이 발생할 때마다 진정한 의미의 전문가가 없어 곤란한 상황이 벌어집니다. 게다가 일본에서 전혀 연구가 이루어지지 않은 바이러스 중에서 이번 코로나19 바이러스보다 더 무서운 바이러스가 갑자기 나타나지 말란 법도 없습니다.

백혈병 원인 바이러스를 발견한 일본인

2003년에 열린 일본 바이러스학회 심포지엄에서 이제는 고인이 된 히누마 요리오(전 교토대 바이러스연구소 소장, 교토대 명예교수)교수가 획기적인 제언을 하였습니다. 그 제언에 대해 얘기하기 전에 먼저 히누마 교수가 어떤 분인지 설명하겠습니다.

히누마 요리오 교수는 다카츠키 기요시(구마모토대 명예교수), 미요시 이사오(고치대 명예교수) 두 교수와 함께 성인T세포 백혈병(ATL)의 원인 바이러스가 레트로바이러스(retrovirus)라는 것을 1982년 세계 최초로 발견해 노벨상을 받을만한 업적을 올린 연구자들입니다.

'레트로바이러스'라는 말을 처음 듣는 사람이 많을 겁니다. 레트로바이러스는 제5장에서 자세히 설명하겠지만, 레트로바이러스에 관해 알게 되면 바이러스에 관한 생각이 완전히 바뀔 것입니다. 레트로바이러스는 에이즈(AIDS. 후천성 면역결핍증후군)

나 백혈병 같은 심각한 질환을 일으키기도 하지만 우리는 레트로 바이러스 덕에 어머니 배 속에 있다가 태어난다고 할 수 있습니다. 또 레트로바이러스는 생물, 그중에서도 특히 포유류의 진화를 촉진하기도 합니다. 즉 생명체의 탄생과 진화에 관여하는 매우 재미난 바이러스입니다. 이 얘기는 5장에서 다시 얘기하겠습니다.

히누마 교수 얘기로 돌아가겠습니다. 세 사람은 ATLV(adult T-cell leukemia virus 성인T세포 백혈병바이러스, 다른 이름으로 HTLV-1: 인간T세포 백혈병바이러스1형)라는 이름의 레트로바이러스를 세계 최초로 분리해 내는 데 성공했습니다.

레트로바이러스에 관해서는 다른 일화도 있습니다. 미국의 로버트 갤로 박사(Robert Gallo, 메릴랜드대 교수)와 프랑스의 뤽 몽타니에 박사(Luc Montagnier, 파스퇴르연구소 연구자) 사이에서 누가 더 먼저 HIV(human immunodeficiency virus 인체 면역결핍 바이러스- 레트로바이러스 중 하나)를 발견했는가를 놓고 논란이 있었고 결국 몽타니에 박사가 노벨상을 수상했습니다.

그렇다면 갤로 박사는 왜 노벨상을 받지 못했을까요. 사실 이 바이러스를 발견할 당시 갤로 박사는 몽타니에 박사팀이 발견한 바이러스를 양도받았는데 마치 직접 발견한 바이러스인 양 발표

했습니다. 이 일은 양국 정부까지 참전하게 되는 상당히 복잡한 법정 싸움으로 번졌습니다.

만약 이런 사태가 벌어지지 않았다면 히누마 교수는 몽타니에 박사와 함께 노벨상을 받았을지도 모릅니다. 아무튼 레트로바이러스가 성인T세포 백혈병의 원인 바이러스라는 사실을 발견한 사람은 유럽인이 아닌 일본의 히누마 교수입니다.

참고로 레트로바이러스가 지닌 특수한 효소인 '역전사 효소'를 발견한 사람도 일본인입니다. 1975년에 역전사 효소 발견으로 노벨상은 하워드 테민(Howard Temin) 박사와 데이비드 볼티모어(David Baltimore) 박사가 수상했지만 테민 박사의 연구실에서 실제로 실험을 진행한 사람은 당시 박사 연구원이었던 미즈타니 사토시 박사입니다. 아쉽게도 미즈타니 박사는 노벨상을 수상하지 못했습니다.

샛길로 빠진 것 같군요. 다시 본론으로 돌아가겠습니다. 히누마 교수는 2003년에 열린 심포지엄에서 "이제는 앞으로 일어날 질병을 예측하고 바이러스를 찾아 대처할 수 있는 방법을 연구해야 한다. 한마디로 예측 바이러스학 연구를 해야 한다는 말이다.

그러므로 일본 바이러스학회는 의학만 해서는 안 된다."고 제안했습니다.

신종 바이러스 감염증은 동물로부터 시작되는 것이니 동물 바이러스도 연구해야 한다는 소신을 가진, 수의학에 관해서도 열린 생각을 가진 분이었습니다.

히누마 교수의 이런 제언은 매우 선견지명이 있는 것이었지만 당시에는 아무도 귀 기울이지 않았습니다. 신종 바이러스 감염증에 대처하려면 동물(야생동물 포함) 바이러스에 대한 총체적 연구가 필요합니다.

서구에서는 연구자 층이 두텁고 동물 바이러스에 대한 연구도 다양하게 이루어지고 있습니다. 하지만 일본에서는 이미 말했다시피 과도한 선택과 집중이 이루어지고 있어 연구 대상인 바이러스의 종류가 매우 편중돼 있을 뿐 아니라 연구자(실제로 연구를 진행할 수 있을 정도의 예산을 따내는 연구자) 수도 현실적으로 적어 바이러스 연구가 극단적으로 위축된 상황입니다.

새로운 바이러스 출현에 대비하는 예측 바이러스학

신종 바이러스 감염증에 대처하려면 예측 바이러스학이 중요하다고 했습니다. 과연 이런 일이 가능할까요? 사실 새로운 바이러스 감염은 '예측 가능한 경우'와 '예측 불가능한 경우'가 있습니다.

'예측 가능한 경우'에는 앞으로 문제를 일으킬 것으로 예상되는 바이러스를 미리 연구함으로써 대비할 수 있습니다.

반대로 '예측 불가능한 경우'에는 앞으로 어떤 바이러스가 문제가 될지 모르므로 비병원성 바이러스를 포함한 다양한 바이러스를 얕고 넓게 연구해 대비할 수밖에 없습니다. 이에 관해서는 뒤에서 다시 설명하겠습니다.

홍역을 예로 다음에 출현할 바이러스를 한번 예측해 보겠습니다.

홍역을 일으키는 홍역 바이러스는 현재 백신으로 제어 가능하지만 사실 감염력이 강하고 유행하기 쉬운 감염증입니다. 2016년에 공항에서 홍역바이러스 감염자가 발견됐다는 뉴스로 떠들썩했던 적이 있습니다. 저는 그때 감염된 사람이 백신을 접종하지 않았을 거라고 생각했습니다.

홍역 바이러스의 변이 속도를 계산해 거슬러 올라가면 이 바이러스가 언제쯤 인간에게 나타났을지 추측할 수 있는데 그렇게 계산해 보니 기원전 6세기경이라는 결론이 나왔습니다.

유럽에서 소의 흑사병이라고도 불리는 우역[02](牛疫) 바이러스

---

02 우역(牛疫): 소 흑사병(cattle plaque)이라고도 불리며 국내 제 1 종 법정 가축전염병 중 첫 번째 질병이다. 이 질병은 전파력이 강하며 소와 물소에 매우 치명적이며 특히 한우의 경우 감염이 되면 100%에 가까운 치사율을 보인다.

(Morbillivirus group Rinderpest virus)의 조상 격에 해당하는 바이러스가 확대되어 감염되다가 마침내 인간에게 전파되기에 이르렀고 그것이 홍역 바이러스가 됐다는 설이 유력합니다.

21세기인 현재 홍역 바이러스는 백신으로 제어되고 있으며 미래에 백신 프로그램이 더 발전하면 홍역 바이러스가 지구상에서 영원히 사라질 지도 모릅니다(우역 바이러스는 완전히 근절되었습니다. 인류가 지구상에서 없앨 수 있었던 바이러스는 천연두와 우역 바이러스 밖에 없습니다).

하지만 홍역 바이러스가 사라졌다고 인류가 안전해진 것은 아닙니다. 또 다른 바이러스가 인간에게 신종 바이러스 감염증을 일으킬 것이기 때문입니다. 홍역 바이러스를 근절시키면 이번에는 개 디스템퍼[03] 바이러스(canine distemper virus, 개의 전염병 바이러스)가 공격해 올 것입니다.

개 디스템퍼 바이러스는 홍역 바이러스나 우역 바이러스와 유전적으로 매우 가깝고 원래 식육목(carnivora)[04] 동물에게만 감염된다고 알려져 있었습니다.

---

03 개 디스템퍼(canine distemper): 개 바이러스에 의해 개과, 족제비과, 미국너구리과 동물에서 발생하는 전파력이 강한 급성 전염병의 일종. 같은 모르빌리 바이러스속의 홍역바이러스에 의한 사람 홍역과 대단히 유사하다.

04 식육목(食肉目): 260여종의 포유류를 포함하는 목으로 모든 종이 오직 육식만 하는 육식동물이다.

그러다 1990년대에 해양 포유동물[05](식육목 개아과)이 개 디스템퍼 바이러스에 감염돼 대량으로 죽어간 것이 크게 보도되었습니다. 아프리카 탄자니아의 세렝게티 국립공원에 사는 사자도 엄청난 숫자로 죽었습니다.

필자의 연구팀은 개 디스템퍼 바이러스가 집고양이(일반적으로 집에서 기르는 고양이)에게 감염된 것을 확인했습니다. 그런데 개 디스템퍼 바이러스는 사자를 죽음에 이르게 하는 바이러스이지만 집고양이는 감염이 되어도 증상이 전혀 나타나지 않습니다.

이 바이러스로 일본에서도 야생동물이 많이 죽었습니다. 산에서 죽은 너구리를 검사한 결과 개 디스템퍼 바이러스가 원인이었다는 사례도 있습니다.

중국에서도 벵골원숭이가 개 디스템퍼 바이러스에 감염되어 죽은 케이스가 많이 발견됐는데 이것은 이 바이러스가 영장류에게도 감염될 수 있다는 점을 시사합니다.

일본 국립감염증연구소의 모리카와 시게루 박사(현 오카야마이과대학 교수)와 다케다 히로시 교수 연구팀이 감염된 원숭이(

05 해양포유동물은 고래도 포함되는 기각류보다 더 넓은 개념

일본에서는 필리핀원숭이)의 바이러스 변이를 조사했는데, 바이러스의 가장 바깥쪽에 있는 특정 부분이 변이되어 영장류인 원숭이에게 감염되었다는 것을 밝혀냈습니다. 그리고 더욱 놀라운 것은 영장류인 원숭이에게 감염을 일으킨 이 바이러스에 인간의 세포도 감염됐다는 사실입니다.

이상의 경위에서 알 수 있듯 지구상에서 홍역 바이러스가 없어진다 한들 마음을 놓을 수는 없습니다. 미래에 개 디스템퍼 바이러스가 변이를 일으켜 새로운 홍역 바이러스가 되고 인간에게 감염을 일으킬지도 모르기 때문입니다. 영장류인 원숭이가 대거 죽어 나갔으니 인간도 사망에 이를지도 모릅니다. 이것이 바로 우리가 예의주시하고 경계해야 할 이유입니다.

현재 개 디스템퍼 바이러스가 인간에게 감염되지 않고 있는 것은 인간이 홍역 바이러스에 대해 면역을 가지고 있기 때문이라고 생각됩니다. 개 디스템퍼 바이러스는 유전적으로 홍역 바이러스와 매우 가까우므로 홍역 바이러스에 대한 면역력이 개 디스템퍼 바이러스에 대해서도 작용하고 있을 가능성은 있습니다.

이렇게 '인류를 공격할 다음 바이러스는 개 디스템퍼 바이러스'라고 예측되면 개 디스템퍼 바이러스를 연구해 인간이 감염될 경우에 대비할 수 있습니다. 이를 예측 바이러스학이라고 부릅니다. 다행히 개 디스템퍼 바이러스는 백신이 실용화되어 있어 개에게 백신을 접종하면 인간에 대한 감염 리스크를 줄일 수 있습니다. 다만 이 바이러스는 야생동물에게 이미 퍼져있어서 지구상에서 완전히 박멸할 수는 없을 것입니다.

코로나19보다 더 무서운 바이러스가 나타난다?

필자와 같은 수의사들이 일반 의학의 바이러스학 교과서를 보면 인간에게 감염되는 바이러스가 이것밖에 없나 하는 생각이 듭니다. 그만큼 의사들이 배워야 하는 바이러스는 수의사가 배워야 하는 바이러스에 비하면 그 수가 훨씬 적은 것이 사실입니다. 그런데 생각해 보면 동물의 종마다 서로 다른 바이러스가 존재하므로 다 합치면 동물 바이러스가 많은 것은 당연한 얘기입니다.

이렇게 많은 동물의 바이러스 중에는 변이를 일으켜 인간에게 감염될 경우 심각한 사태가 일어날 만큼 무서운 바이러스도 상당히 많습니다. 현시점에서는 인간에게 감염을 일으키지 않지만 만약의 사태에 대비하는 마음으로 어떤 바이러스가 있는지 살펴보겠습니다.

먼저 고양이가 감염되면 설사 등의 증상이 발현되고 고양이에게 범백혈구 감소증[06]을 일으키는 '고양이 파보바이러스(Feline parvo virus, FPV)'가 있는데 이는 감염력이 강하고 치사율이 높습니다.

중국에서는 고양이 파보바이러스가 변이를 일으켜 히말라야원숭이나 필리핀원숭이에게 감염된 케이스가 발견됐고 100마리 이상이 죽은 걸로 나와 있습니다. 필자의 연구팀도 평소 이 파보바이러스를 다루고 있기 때문에 큰일이 일어날지 모른다는 생각을 하게 됐고 변이 바이러스를 입수해 연구하려 했지만 바이러스는커녕 정보조차 얻을 수 없었습니다.

왜냐하면 원숭이들이 감염된 시설이 중국 인민해방군 관련 시설이었기 때문입니다. 어떤 변이가 일어나 고양이 종이 아닌 원숭이에게 감염이 일어났는지, 원숭이에게 감염된 바이러스가 인간에게 감염될 가능성은 없는지 등을 전혀 알 수 없었습니다. 오로지 중국에서만 발견된 케이스라 자세히 연구하고 싶어도 할 수 없었고 결국 중국에서 논문이 한 편 나온 것으로 이 사태는 마무리됐습니다.

---

06 고양이 범백혈구 감소증(Feline panleukopenia): 고양이 파보 바이러스(Feline parvo virus, FPV)에 의해 발병하는 바이러스성 장염. 전염성이 매우 강하고 치사율이 높아 모든 고양이 종에게 치명적이다. '범백혈구 감소증'이라는 이름은 이 질병에 감염된 동물들에게서 백혈구가 현저하게 감소하는 증상을 보이기 때문에 이러한 이름이 붙여졌다.

하지만 고양이 파보바이러스가 고양이만이 아니라 영장류에 감염을 일으킬 수 있다는 것은 사실이기에 이 바이러스도 예의주시해야 하겠습니다.

예측 바이러스학은 야생동물이 대량으로 사망했을 때 원인 바이러스를 연구하고 인간에 대한 감염 가능성을 예측해 경계하는 학문입니다. 원숭이와 같은 영장류가 감염된 케이스가 발견되면 인간도 감염될 수 있다는 생각을 가지고 특히 더 경계해야 합니다.

갑자기 피를 흘리며 죽어간 일본원숭이들

2001년~2002년에 아이치현 이누야마시에 있는 교토대학 영장류연구소의 일본원숭이들이 갑자기 죽은 케이스가 발생했습니다. 이 케이스는 일단 진정되는가 싶었는데 6년 후에 다시 변이가 일어나 총 50마리의 일본원숭이가 사망했습니다(안락사 포함).

원숭이들은 죽기 전날까지 건강했습니다. 먹이도 잘 먹고 아무런 증상도 없었습니다.

그런데 단 하루 만에 원숭이들이 피투성이가 되어 죽어 나가는 바람에 관계자들은 무척 당황했습니다.

혈액성상(CRP수치[07])이나 항생물질이 듣지 않는 사실로 미루어 보아 바이러스가 원인일 가능성이 예상되었습니다. 신속하게 조사한 덕분에 원숭이 레트로바이러스 4형이 원인이라는 사실을 파악할 수 있었습니다.

원숭이 레트로바이러스는 1970년대에 처음 발견되었지만 실제로 연구자들이 관심을 가지게 된 것은 1980년대에 들어서입니다. 당시 인간의 에이즈 실험 모델로 원숭이를 이용했는데 원숭이가 원숭이 레트로바이러스에 감염되면 면역 억제를 일으키게 되고 이것이 실험결과에 영향을 미칠 가능성이 있었기 때문입니다.

하지만 이때 이용한 히말라야 원숭이는 원숭이 레트로바이러스에 감염되더라도 설사나 가벼운 면역 억제를 일으키는 정도의 가벼운 증상밖에 보이지 않았기 때문에 그다지 심각한 바이러스로 여기지 않았습니다. 에이즈 실험 외에 원숭이 레트로바이러스가 특히 문제가 될 일은 없었습니다.

그런데 다른 것도 아니고 이 원숭이 레트로바이러스에 의해 일본 원숭이들이 계속 죽어나갔으니 솔직히 말도 안 된다는 것이 첫

---

07 CRP(C-reactive protein, C반응성단백)는 대표적인 급성기 반응물질로 CRP의 양이 변화하는 양상을 지켜보면 감염성 질환이나 자가면역질환 등의 각종 염증반응의 진단, 경과 관찰에 이용할 수 있다.

번째 느낌이었고, 정말 원숭이 레트로바이러스 4형이 일본원숭이에게 치명적인 질병을 일으켰는지 믿을 수 없었습니다.

일본 국내 원숭이 번식 시설에 있던 필리핀 원숭이와 히말라야 원숭이는 이 바이러스에 감염되어도 죽음에 이르지는 않았습니다. 오직 일본 원숭이만 사망에 이르렀습니다.

일본 원숭이와 필리핀 원숭이, 히말라야 원숭이는 같은 마카크(Macaca)속에 속하고 유전적으로 거의 똑같습니다. 그런데 필리핀 원숭이와 히말라야 원숭이에게는 증상을 발현하지 않는 바이러스로 인해 일본 원숭이는 단시간에 사망했습니다.

좀 더 자세히 알아보기 위해 일본 원숭이 4마리를 대상으로 감염 실험을 수행했습니다. 그 결과 원숭이 레트로바이러스 4형에 감염된 원숭이들은 혈소판이 줄어들어 한 달 만에 죽었습니다.

일반적으로 원숭이 레트로바이러스에 감염되면 증상이 나타날 때까지 보통 몇 년에서 몇 십 년이 걸립니다. 한 달 만에 사망할 만큼 독성이 강한 레트로바이러스는 매우 드문 경우입니다. 말이 전염성 빈혈 바이러스에 감염되면 비교적 단시간에 사망하는 경우가 있기는 하지만 그 외 레트로바이러스 중에 이렇게 강한 병원성[08]을

08 병원성(pathogenicity 病原性): 어떤 미생물이 특정한 질병을 일으키게 할 수 있는 성질

지닌 바이러스는 처음이었습니다.

일본 원숭이가 단시간에 사망하자 인간은 안전하냐고 언론에서 문의가 쇄도했습니다.

원숭이 레트로바이러스가 인간에게 감염됐다는 논문이 있기는 하지만 감염 후 증상이 나타난 케이스는 보고된 바 없습니다. 하지만 확증이 없기 때문에 정말로 인간에게 감염돼도 증상이 발현되지 않는지는 실험을 통해 밝혀낼 수밖에 없었습니다.

물론 인간을 대상으로 실험을 할 수는 없습니다. 그래서 인간의 면역계를 구축한 인간화 생쥐(mouse, 인간의 것과 같은 혈액이나 면역계를 가진 쥐)를 만들어 실험했습니다. 면역계가 전혀 없는 면역결핍 생쥐라는 것이 있는데 거기에 인간의 면역 전구세포[09]를 이식해서 생쥐에 인간의 면역계를 재구축하고 이렇게 인간화된 생쥐에 원숭이 레트로바이러스 4형을 감염시켰습니다.

인간화 생쥐는 원숭이 레트로바이러스 4형에 감염되기는 했지만 혈소판이 줄어들지는 않았습니다.

따라서 명확한 내용은 알 수 없지만 일단 '사람에 대해서는 병원성이 없을 것이다, 안전할 것이다'로 결론을 내렸습니다.

---

09 전구세포(precursor cell 前驅細胞) :특정 세포의 형태 및 기능을 갖추기 전 단계의 세포

왜 일본 원숭이만 죽었는가

히말라야 원숭이와 필리핀 원숭이는 원숭이 레트로바이러스 4형에 감염되더라도 심각한 질환으로 이행하지 않지만 일본 원숭이는 감염되면 바이러스가 강한 병원성을 발휘해 사망에 이릅니다.

그렇다면 왜 이런 일이 일어나는 걸까요. 필자는 다음과 같이 추측하고 있습니다.

일본 원숭이는 약 40만 년 전에 일본 열도에 유입됐습니다. 인간이 일본 열도에 살기 시작한 것이 약 4만 년 전부터이니 40만 년 전이면 엄청난 세월입니다. 아무튼 일본 열도에 들어온 일본 원숭이는 그 후에 해수면이 상승해 일본 열도가 대륙에서 분리되면서 대륙의 생태계로부터 고립됩니다.

아마도 이후 대륙에서 원숭이 레트로바이러스가 유행했고 약한 원숭이들은 이때 도태된 것이 아닌가 생각됩니다. 죽지 않고 살아남은 강한 원숭이들의 자손이 대륙계인 히말라야 원숭이와 필리핀 원숭이인 것이죠.

한편 일본 원숭이는 대륙에서 분리돼 있었기 때문에 원숭이 레트로바이러스 4형의 유행으로부터 안전했고 이 바이러스에 취약한 채 현재까지 이어진 것이 아닌가 생각됩니다. 따라서 원숭이 레트로바이러스 4형에 강한 유전자를 가지고 있지 않았기 때문에 감염되자마자 순식간에 죽어버린 것으로 추측됩니다.

이와 같은 지역성은 코로나19 바이러스에도 적용될지 모릅니다. 실제로 아시아인은 코로나19로 인한 사망률이 그리 높지 않은 데 비해 서구(특히 앵글로색슨계)에서는 사망률이 높은 경향을 보이고 있습니다.

이것은 아시아에서 과거에 고병원성 코로나바이러스가 유행했고 거기서 살아남은 사람들의 후손이 현대의 아시아인이 아닐까 하는 추측도 가능합니다. 이 가능성이 아주 없지는 않을 것 같습니다.

몸 속에 숨어 있는 바이러스

원숭이 레트로바이러스는 1~8형까지 있는데 5형도 4형과 마찬가지로 일본 원숭이가 감염되면 동일한 증상이 발현됩니다.

모 일본 원숭이 번식시설에서도 원숭이들이 영장류연구소와 마찬가지로 피를 흘리며 죽어간 케이스가 있었습니다. 검사해보니 이 시설에서는 원숭이 레트로바이러스 5형이 원인 바이러스였습니다. 필자의 연구팀이 감염 실험을 실시한 결과 원숭이 레트로

바이러스 5형도 4형과 완전히 같은 증상이 발현한다는 사실을 알게 됐고 해당 시설에서는 원숭이 레트로바이러스 검사를 실시해 감염된 원숭이들을 철저하게 격리하고 처분했습니다.

원숭이 레트로바이러스 4형, 5형 모두 이유는 알 수 없으나 일본 원숭이가 감염되면 대부분의 원숭이들이 항체를 전혀 형성하지 못했습니다. 그런데 히말라야 원숭이나 필리핀 원숭이는 이 두 바이러스에 대해 항체가 형성됩니다.

일부 일본 원숭이들은 원숭이 레트로바이러스에 대한 항체가 형성돼 살아남지만 대부분의 일본원숭이들은 항체가 생기지 않아 죽어갑니다. 그러나 그 이유는 아직 밝혀지지 않았습니다.

PCR(polymerase chain reaction)[10]로 바이러스 DNA 증폭 검사를 해서 양성이 나온 원숭이는 감염 확산을 막기 위해 살처분 할 수 밖에 없습니다. 그런데 이상하게도 처음에는 모든 일본 원숭이가 검사에서 음성이 나왔습니다. 그래서 바이러스가 사라졌나 싶었는데 어느 순간 갑자기 증상이 나타나 죽어버리는 원숭이가 속출했습니다. 아마도 원숭이 레트로바이러스가 일본 원숭이의 몸 속

10 PCR(polymerase chain reaction 중합효소 연쇄 반응): 유전자 증폭기술을 이용하여 검출하는 검사법

에 숨어 있었던 게 아닐까 추정됩니다.

이 경우 검사에서 음성이 나왔지만 몸이 약해지거나 면역력이 떨어지면 잠자던 바이러스가 체내에서 증식되는 것으로 생각됩니다. 물론 증상이 없는 기간에도 바이러스가 다른 원숭이에게 전염돼 감염이 확산됩니다. 그래서 원숭이 레트로바이러스는 제어가 어렵습니다.

일반적으로는 바이러스에 감염되면 항체가 형성되고 PCR검사를 하면 감염 여부를 알 수 있다고 알려져 있지만 바이러스 중에는 감염되더라도 항체가 거의 형성되지 않는 바이러스도 있고 PCR검사는 음성이지만 몸 속에 숨어서 계속 살아있는 바이러스도 있습니다. 항체검사나 PCR검사가 절대적인 것은 아닙니다.

참고로 현재는 일본 원숭이 번식시설에서 원숭이 레트로바이러스 검사를 정기적으로 실시하는 방법으로 발생을 억제하고 있습니다.

동물은 안전하지만 인간은 위험한 바이러스

불행하게도 신종 바이러스감염증은 거의 대부분이 원래 비병원성 바이러스입니다. 예를 들어 1980년대에 전 세계적으로 문제가 됐던 에이즈는 '인간 면역결핍 바이러스 1형(HIV-1)'이 침팬지에서 인간으로 감염이 되면서 발생했습니다.

침팬지의 면역결핍 바이러스는 침팬지보다 몸집이 작은 원숭이가 두 종류의 면역결핍 바이러스(큰흰코원숭이와 칼라망거베이에 원래 감염돼 있던 면역결핍 바이러스)에 동시에 감염됐을 때 체내에서 재조합(recombination)이 이루어져 변이가 됨으로써 침팬지에게 감염되었고, 침팬지에 감염된 바이러스가 다시 종을 넘어 인간에게 감염됨으로써 에이즈의 원인 바이러스가 되었습니다.

HIV는 면역계의 사령탑인 헬퍼T세포에 감염을 일으켜 그 세포를 파괴함으로써 면역결핍을 일으킵니다. 그런데 사실 원숭이 면역결핍 바이러스(SIV)도 원숭이의 헬퍼 T세포에 감염을 일으켜 파괴하지만 원숭이에게는 면역결핍이 일어나지 않습니다.

똑같은 면역결핍 바이러스에 감염되었는데 원숭이는 면역결핍이 일어나지 않고 인간은 변역결핍이 일어나는 이유는 무엇일까.

그것은 원숭이가 원숭이 면역결핍 바이러스에 대한 저항 인자를 가지고 있기 때문이라고 생각됩니다. 에이즈의 발병 구조는 이미 밝혀졌다고 생각하는 사람이 많지만 실은 아직 완전히 밝혀지지 않았습니다.

아무튼 같은 면역결핍 바이러스라도 원숭이는 문제가 없지만 인간에게는 질병이 발생한다는 것입니다.

신종 바이러스감염증은 대부분 이런 식입니다. 바이러스가 원래 숙주에 존재하는 동안 아무런 증상도 일으키지 않고 숙주와 공존하다가 다른 종인 인간에게 감염되는 순간 강독성을 발휘한다는 것입니다.

동물계의 무서운 바이러스들

노로바이러스(Norovirus)와 사포바이러스(Sapovirus)에 인간이 감염되면 설사 증상을 보입니다. 매우 흔한 바이러스로 감염자도 많이 발생합니다. 이들 바이러스는 칼리시바이러스과(Family Caliciviridae)에 속하는데, 칼리시바이러스과의 바이러스 중에는 상당히 무서운 바이러스들이 있습니다.

우선 노로바이러스의 특징을 살펴보겠습니다. 노로바이러스는 주로 음식에 의한 경구감염, 바이러스가 닿은 곳을 만져서 감염되는 접촉감염, 감염된 사람의 침에 의한 비말감염으로 감염이 이루어지고 공기감염도 이루어집니다. 환자의 토사물에서 바이러스가 공기 중으로 퍼지거나 용변을 본 후에 변기 뚜껑을 닫지 않은 상태로 물을 내렸을 때 바이러스가 퍼져 공기감염이 일어납니다.

현재 문제가 되고 있는 코로나19 바이러스(SARS-CoV-2)는 일정량 이상의 바이러스가 있어야 감염이 일어나기 때문에 공기감염의 위험성은 낮은 바이러스입니다. 환기를 해서 바이러스 양을 줄이면 공기감염이 일어날 가능성은 적습니다.

하지만 노로바이러스는 적은 양의 바이러스로도 감염이 되는 것이 특징이라 공기 중에 떠다니는 바이러스로도 감염이 일어납니다. 이 점이 바로 노로바이러스가 무서운 이유입니다.

3장에서 다시 설명하겠지만 코로나19는 엔벨로프라는 지질 막으로 덮여있어서 에탄올(알콜)로 소독하거나 비누로 손을 씻어 지질 막이 붕괴하면 바이러스가 불활성화됩니다. 하지만 노로바이러스는 엔벨로프 막이 없기 때문에 에탄올이나 비누로 불활성화되지 않는 데다 자연환경에도 강해서 제어하기가 힘듭니다.

노로바이러스 감염을 막기 위해서는 음식이 바이러스에 오염되지 않도록 조리 시에 손을 잘 씻고, 대변을 본 후 물을 내릴 때는 변기 뚜껑을 꼭 닫아야 합니다. 또 토사물 처리를 확실히 하는 것도 필요합니다.

칼리시바이러스과에 속하는 바이러스들은 일반적으로 위와 같은 특징을 가지고 있습니다.

고양이에게 전염되는 고양이 칼리시바이러스는 고양이의 호흡기 질환을 일으킵니다. 대표적인 증상은 감기 증상 또는 구내염 정도입니다. 그런데 고양이 칼리시바이러스 중에도 독성이 매우 강한 것에 감염되면 고양이가 바로 죽어버립니다. 너무나 독성이 강해 숙주가 죽어버리기 때문에 더 확산하지는 않지만 이 바이러스에 감염되면 죽음에 이르고 맙니다.

또 칼리시바이러스과에 속하는 바이러스 중에 토끼에게 감염을 일으키는 토끼 출혈성 바이러스(Rabbit hemorrhagic disease virus)라는 것도 있습니다. 토끼의 코나 장기에서 출혈이 일어나고 죽음에 이르는 바이러스입니다.

인간에게 감염되는 노로바이러스나 사포바이러스의 증상은 설사와 구토 정도이지만 이들 바이러스와 친척관계인 바이러스 중에는 이렇게 죽음에 이르게 하는 것도 있습니다.

만약 이런 강한 독성 동물 바이러스가 변이를 일으켜 인간에게 감염된다면 또는 현재 유행하는 노로바이러스나 사포바이러스가 변이를 일으켜 인간에게 치명적인 바이러스로 변한다면 어떻게 될까요. 칼리시바이러스과에 속하는 바이러스들은 노로바이러스와 마찬가지로 엔벨로프가 없고 일반적인 환경에서 장기간 생존하며 감염성을 유지합니다. 게다가 아주 적은 양으로도 감염이 일어나므로 동물 바이러스가 변이를 일으켜 인간에게 감염되거나 기존의 인간 바이러스가 강한 독성을 띠게 되면 매우 무서운 바이러스가 되는 것입니다.

치사율이 높은 진드기 매개 바이러스는 이미 확산 중

최근 진드기에 물려 중증열성혈소판감소증후군(SFTS severe fever with thrombocytopenia syndrome)으로 사망하는 사례가 종종 보도되곤 합니다. 일본에서는 공식적으로는 2020년 12월 20일 현재 75명이 사망했다는 보고가 있지만 실제로는 감염 사실을 모른 채 사망한 케이스도 많을 것으로 생각됩니다.

SFTS는 이름에서 알 수 있듯이 혈소판이 감소하는 질환입니다. 사망률이 약 33%로 상당히 높은 이 질환은 분야 바이러스과(Bunyavirusdae)의 중증열성혈소판감소증후군 바이러스(SFTSV)가 원인입니다.

필자는 2003년에 조만간 분야 바이러스과의 신종 바이러스감염증이 선진국에 퍼질지도 모른다고 경고를 한 바가 있습니다.

분야바이러스는 여러 동물에서 감염을 일으키는 바이러스로 진드기를 매개로 하므로 동물과 직접 접촉하지 않아도 인간에게 전염되기도 합니다. 분야 바이러스 중에도 상당히 무서운 바이러스가 존재하기 때문에 경종을 울리려 했던 것입니다.

중국에서 SFTS의 증례 보고가 나오기 시작했을 무렵 '올 것이 왔다'는 생각이 들었습니다. 일본의 감염사례는 처음에 일본열도의 서남부인 규슈와 추고쿠 지방에서 발생해서 점차 북상했고 현재 어디까지 올라왔는지 확실치는 않지만 적어도 도쿄까지 온 것만은 분명합니다. 야생동물 중에는 사슴에서도 감염이 많이 일어납니다.

같은 분야 바이러스과에는 또 아카바네 바이러스(Akabane orthobunyavirus), 슈말렌베르크 바이러스(Schmallenberg virus)도 있습니다. 소에게 감염되는 바이러스로 일본에서는 아카바네 바이러스의 대유행으로 큰 문제가 됐었고 유럽에서는 현재 슈말렌베르크 바이러스가 유행하고 있어 위기감이 고조되고 있습니다. 이는 모기에 의해 감염되며 소, 양, 염소에 주로 나타나는 병원체로, 독일 슈말렌베르크에서 처음 발견된 데에서 붙은 이름입니다.

그리고 아이노 바이러스(Aino virus)도 모기에 의해서 전염되며 아카바네 바이러스와 증상이 비슷합니다. 다 자란 소는 감염이 되더라도 무증상 감염(inapparent infection)이라 아무런 증상이 나타나지 않지만 임신한 소가 감염되면 유산이나 사산, 혹은 대뇌 결손과 같은 선천성 이상을 가진 송아지가 태어납니다. 대뇌 결손이란 태어난 송아지가 뇌간만 있고 그 주위에 대뇌가 없는 상태로 사진만 봐도 충격적입니다. 이런 송아지는 대뇌가 없어서 생존이 불가능합니다. 새끼를 낳은 어미 소는 전혀 문제가 없고 증상도 없는데 태어난 송아지는 대뇌가 없는 상태라니 정말 끔찍한 일입니다.

만약에 이런 바이러스가 인간에게 감염된다면 실로 공포스러운 사태가 될 것입니다.

이들 바이러스는 바이러스의 게놈[11] 구조가 분절형이고 세 개의 분절로 분리되어 있습니다. 분절형 바이러스는 3장에서 특징 등 자세하게 설명하겠지만 간단히 말하면 분절을 통째로 바꾸어 쉽게 변이하는 성질이 있습니다. 변이가 잘 일어난다는 것은 인간에게 감염되는 바이러스로 변이할 가능성이 있다는 뜻이기도 합니다.

그 밖에도 캥거루를 실명하게 만드는 월럴 바이러스(Wallal virus), 소의 혀가 파랗게 변하는 블루텅 바이러스(Bluetongue vi-

11 게놈(genome): 유전자(gene)와 세포핵 속에 있는 염색체(chromosome)의 합성어로, 염색체에 담긴 모든 유전자를 총칭하는 말

rus) 등도 무서운 바이러스입니다. 만일 이런 바이러스가 변이를 일으켜 인간이 감염된다면 실명하거나 티아노제(혈중 산소가 줄어드는 상태)가 발생하는 등 무서운 바이러스가 될 가능성이 있습니다.

이들 바이러스는 레오 바이러스과(Family Reoviridae) 오르비 바이러스속(Orbivirus)으로 분류되는 바이러스인데 게놈 구조는 10가닥의 분절로 분리되어 있고 이 중 어딘가에서 변이가 일어나면 인간에게 감염되는 바이러스로 변할 우려가 있습니다.

감염되면 물을 무서워하는 광견병 바이러스

숙주의 행동을 변화시키는 무서운 바이러스도 있습니다. 대표적인 것으로는 광견병 바이러스를 들 수 있습니다.

광견병에 걸린 개는 포악해져서 마구 물어뜯는데 그 과정에서 개의 침 속에 있는 바이러스가 전파되는 증식전략을 취하고 있습니다. 즉 참 똑똑한 방법으로 퍼뜨리는 바이러스라고 할 수 있습니다.

이런 광견병의 특징 중 하나가 물을 무서워하게 된다는 것입니다. 광견병에 걸리면 개든 사람이든 물을 무서워합니다. 왜 그런 현상이 나타나는지는 아직 밝혀지지 않았지만 바이러스가 뇌신경에 감염되는 것이 원인이라는 것만은 분명합니다. 실제로 사후에 뇌를 조사하면 뇌에서 병변을 확인할 수 있습니다.

광견병 바이러스처럼 뇌에 감염되는 바이러스는 숙주의 행동에 변화를 가져올 가능성이 있습니다.

이 밖에 도쿄대 연구팀이 발견한 가쿠고 바이러스(Kakugo virus)라는 것도 있습니다. 가쿠고는 '각오'라는 뜻의 일본어 단어를 따서 이름 붙였습니다. 공격성이 높은 꿀벌과 그렇지 않은 꿀벌의 뇌를 분리해 RNA의 발현 상황을 조사해보니 공격성이 높은 꿀벌의 뇌가 피코르나 바이러스(picorna virus)과로 분류되는 바이러스에 감염돼 있었습니다. 그 증상으로 공격성이 높아졌다고 의심되어 이 바이러스에 이런 이름이 붙여졌습니다.

공격성이 낮은 꿀벌을 가쿠고 바이러스에 감염시켰을 때 공격성이 증가하는지를 알아보지 않아 단정 지을 수는 없지만 만약 감염으로 인해 공격성이 높아진다면 이 바이러스도 숙주의 행동을 변화시키는 바이러스라고 할 수 있을 것입니다. 단 꿀벌의 공격성이 높아진다고 해서 바이러스에 어떤 좋은 점이 있는지는 아직 밝혀지지 않았습니다.

이것만이 아닙니다. 주로 말에게 감염되는 보르나 바이러스(Borna virus, 독일의 한 도시 보르나에서 발견)는 고양이나 사람에게도 감염되어 신경세포 내로 침입한다고 알려져 있습니다. 고양이가 이 바이러스에 감염되면 신경세포가 파괴되어 걸을 수 없게 되기 때문에 비틀비틀병(staggering disease)이라는 별칭으로 불립니다. 이 보르나 바이러스가 인간에게 감염되면 정신질환을 일으킨다는 연구도 있지만 정신질환자 차별문제와 얽혀 이 바이러스에 대해서는 거의 연구가 이루어지지 않고 있는 실정입니다.

암이 공기로 전염되는 공포의 바이러스

닭에게 림프종[12]을 일으키는 마렉병(Marek's disease)이 있는데 이 병을 일으키는 것이 '닭 헤르페스 바이러스1형(일명:마렉병 바이러스 MDV)' 입니다.

이 바이러스는 닭 날개의 밑동 부분에서 많이 증식합니다. 따라서 닭이 퍼드득 하고 날갯짓을 하면 바이러스가 퍼지고 주변의 닭들이 한꺼번에 감염되는 구조입니다. 감염된 닭은 한 달 정도 지나면 림프종으로 모두 폐사하게 됩니다.

암이 공기를 통해 감염되는 것이니 매우 무서운 바이러스라 할

12 림프종(Lymphoma): 우리 몸의 면역체계를 구성하는 림프계에 발생하는 종양

수 있습니다.

이 닭 헤르페스 바이러스는 DNA 바이러스로 150kbp~200kbp(염기쌍 15만~20만 개. k는 1000을 뜻하고 b는 염기의 개수, p는 pair의 약자로 염기 사슬 두 개가 한 쌍임을 나타냄)정도 되는 긴 배열의 DNA 게놈을 가지고 있는데 DNA 배열을 살펴보면 암 유전자와 비슷한 배열을 하고 있어 이것이 원인이 아닌가 생각됩니다.

또한 매우 흥미롭게도 레트로바이러스의 배열이 그대로 들어있는 닭 헤르페스 바이러스도 발견 됐습니다. 이것은 즉 바이러스 안에 다른 바이러스가 들어있었다는 뜻입니다. 레트로바이러스는 길이가 9kbp~10kbp(염기쌍 9천~1만 개) 정도로 닭 헤르페스 바이러스에 비하면 짧은 바이러스라 그 안에 들어간 것 같습니다.

만약 똑같은 일이 사람의 헤르페스 바이러스에서 일어나면 큰 일입니다. 사람의 헤르페스바이러스 안에 레트로바이러스의 일종인 HIV가 들어가 헤르페스에 감염되면 동시에 에이즈에도 걸리는 엄청난 사태가 벌어질 것입니다. 아직 그런 사례가 보고된 적은 없지만 인위적으로 만들어 낼 수는 있을 것입니다.

인간을 대상으로 하는 의학 연구자는 인간의 바이러스만 다루기 때문에 그런 일이 일어날 리 없다고 하지만 필자와 같은 수의학 연구자들은 그 '일어날 리 없는' 바이러스를 많이 봐 왔습니다.

그리고 그런 일이 언젠가 인간에게도 일어나지 않을까 우려스럽습니다.

위험한 바이러스인데도 연구는 전멸

MERS(중동호흡기증후군) 코로나바이러스, SARS(중증급성호흡증후군) 코로나바이러스는 둘 다 박쥐로부터 시작됐습니다.

MERS는 박쥐에서 단봉낙타로 전염됐고 그것이 다시 인간으로 전염된 것으로 생각됩니다. SARS는 박쥐에서 흰코 사향고양이(Paguma larvata)를 거쳐 인간으로 전염됐다고 합니다.

MERS 코로나바이러스, SARS 코로나바이러스 모두 박쥐가 숙주입니다.

그런데 이 두 코로나바이러스는 박쥐에게는 병을 일으키는 능력을 갖지 않는 비병원성이라고 생각됩니다. 설사 정도의 증상은 있을 지도 모르지만 특별한 영향은 없는 것 같습니다.

즉 박쥐는 MERS 코로나바이러스 혹은 SARS 코로나바이러스에 감염된 채 바이러스와 공존하고 있는 것입니다. 어쩌면 박쥐에게 코로나바이러스는 편리한 바이러스인지도 모릅니다.

이렇게 박쥐의 몸 속에서 공존하고 있던 코로나바이러스가, 어떻게 박쥐의 체내에서 변이가 일어나 감염이 된 건지 혹은 어떻게 다른 동물의 몸 속으로 들어가서 변이가 일어나는지 알 수는 없습니다.

그러나 바이러스의 게놈 재조합이 일어나서 인간에게 감염되어 증식하는 바이러스로 변화되면 인간 MERS 코로나바이러스와 인간 SARS 코로나바이러스가 됩니다. 이 두 코로나바이러스는 인간에게 병원성을 갖는 바이러스입니다.

동물 바이러스가 다른 종의 동물에게 감염됐을 때 거의 대부분은 증식을 하지 못합니다. 즉 감염이 일어나더라도 새로운 숙주로 전파되지 않고 그 개체만 감염되는 것으로 끝난다는 뜻입니다. 그런데 아주 드문 확률로 다른 종에게 감염되는 순간 물 만난 고기처럼 증식하여 질병을 일으키는 케이스가 존재합니다. 바로 이런 경우에 신종 바이러스감염증이 되는 것입니다.

'바이러스(virus)'라는 단어의 어원은 라틴어로 '질병이나 죽음을 초래하는 독'이라는 뜻입니다. 한자로 바이러스는 '병독(病毒)'이라고 표현합니다. 역사적으로 보면 바이러스는 질병을 조사하는 과정에서 발견됐습니다. 일반적으로 '바이러스는 질병을 일으키는 것'이기 때문에 바이러스 연구는 질병과 한 세트로 연구가 이루어지는 것이죠.

하지만 인간에게 질병을 일으키는 SARS 코로나바이러스나 MERS 코로나바이러스는 원래 숙주인 박쥐같은 동물에게는 비병원성이라 질병을 일으키지 않습니다. 바로 이 점이 중요한 포인트입니다.

질병을 일으키는 바이러스는 연구자들이 열심히 연구합니다. 반대로 인간에게도 동물에게도 질병을 일으키지 않는 바이러스는 거의 연구가 이루어지지 않습니다.

앞에서도 언급했지만 자연계에는 동물이 숙주일 때는 아무런 질병을 발생시키지 않다가 인간에게 감염되는 순간 무서운 질병을 일으키는 바이러스가 많이 존재할 가능성이 있습니다. 그런데도 그런 바이러스에 대한 연구가 거의 이루어지지 않고 있는 것입니다.

사람 몸에서 혈액이나 배설물을 채취하여 조사하면 여러 가지 바이러스에서 유래한 염기서열을 볼 수 있습니다. 하지만 이런 것들은 거의 대부분 질병을 일으키지 않기 때문에 연구가 이루어지지 않습니다.

동물의 몸에도 다양한 바이러스가 숨어 있지만 비병원성이라는 이유로 거의 연구의 대상이 되지 않습니다.

이것은 즉 자연계에는 연구의 대상이 되지 않은 미지의 바이러스가 엄청나게 많다는 의미입니다.

이제는 '3차원 바이러스학(다차원 네오바이러스학)'의 시대

비병원성 바이러스에 대한 연구는 지금까지 그다지 발전이 없었습니다. 하지만 '앞으로 문제가 될 바이러스'에 대처하기 위해서라도 비병원성 바이러스에 대한 연구는 꼭 필요합니다.

그리고 종국에는 병원성이건 비병원성이건 간에 상관없이 모든 바이러스를 망라하는 상관관계를 밝혀 전체적인 관계도가 규명돼야 할 것이고 그러려면 바이러스학의 차원을 한 단계 높여야 합니다.

현재의 바이러스학은 제로 차원입니다. 이게 무슨 뜻이냐 하면 지금까지는 연구자가 한 종류의 바이러스 혹은 한 종류의 숙주에 대해서만 전문가였다는 뜻입니다. 한 종류 혹은 소수의 바이러스를 깊이 연구하는 스타일, 즉 '점' 차원의 연구에 머무르고 있는 상태를 말합니다.

'점'에서 '선'으로 한 차원 발전시켜 봅시다. 선에는 가로 선과 세로 선이 있는데 가로 선은 코로나19와 같은 인수(사람과 동물)

공통 감염증이나 신종 감염증을 연구하는 것입니다. 예를 들면 하나의 감염증에 대해 서로 다른 숙주 사이에 바이러스가 어떻게 전파되는지를 추적하거나 그 바이러스가 어떤 변이를 일으켰는지를 조사하는 것을 말합니다.

그리고 세로 선은 시간 축을 따라 연구하는 방법으로, 한 바이러스가 과거부터 미래까지 어떤 변화를 거치는지 혹은 어떻게 진화하는지를 연구하는 것입니다.

다음으로 또 한 단계 차원을 높여 2차원이 되면 선이 '면'이 됩니다. 즉 한 종류의 숙주 안에 몇 종류의 바이러스가 숨어 있는가 혹은 토양이나 수권[13] 등의 환경 속에 어떤 바이러스가 존재하고 어떤 관계로 이어져 있는가를 연구하는 단계입니다.

최종 목표는 생물 전체를 망라하는 바이러스 분포도나 상관관계를 명시하는 것이지만 우선 인간과 가축 사이에 존재하는 바이러스에 대해 조사하고 그 다음에 야생동물로 확대해 나가는 순서가 될 것입니다.

그러면 다음 단계인 3차원 바이러스학은 어떤 것인가 하면 '면'에 시간축이 더해집니다. 서로 다른 숙주와 바이러스의 관계를 시간을 따라 추적하는 학문을 말합니다.

---

13 수권(水圈): 지구에 존재하는 모든 물. 강, 호수, 바다 등

예를 들어 앞서 설명한 원숭이 레트로바이러스는 약 1200만 년 전에 토끼로부터 감염된 바이러스로 현재는 태반 형성에 관여하는 내재성 레트로바이러스(제 6장 참조)와 유전적으로 유사한 관계인 것이 밝혀졌습니다.

그런데 이 원숭이 레트로바이러스는 고양이의 내재성 레트로바이러스, 개코원숭이의 내재성 레트로바이러스와도 근연(가까운 혈연) 관계였던 것입니다. 근연 관계란 바이러스의 유전정보(배열)가 닮았다는 뜻으로 몇 백만 년 전에 지중해 연안에서 고양이와 개코원숭이가 비슷한 바이러스에 감염됐던 사실도 확인됐습니다.

이들 원숭이 레트로바이러스는 토끼의 태반 형성에 관여하는 내재성 레트로바이러스가 어떤 바이러스와 재조합해서 깨어난 것이라고 생각됩니다. 이렇게 3차원적으로 생각하면 바이러스의 진화 과정을 정확하게 파악할 수 있게 됩니다.

3차원 바이러스학은 시간의 범위에 따라 크게 두 분야로 나뉘는데 하나는 얕은(shallow) 고대 바이러스학, 또 하나는 깊은(deep) 고대 바이러스학입니다. 얕은 고대 바이러스학은 대략 1만 년 정도의 단위로 바이러스의 진화를 추적합니다. 에이즈 바이러스인 인간 면역결핍 바이러스(HIV) 연구가 여기에 포함됩니다.

깊은 고대 바이러스학은 약 2억 년 정도의 단위로 추적합니다. 필자가 하고 있는 레트로바이러스 연구가 바로 여기 속하게 됩니다.

이 책에서도 나중에 자세하게 기술하겠지만, 레트로바이러스(혹은 레트로바이러스와 관련이 있는 바이러스)는 적어도 4억 년 전에는 이미 지구상에 존재했다고 생각됩니다. 이들 바이러스는 숙주의 생식세포에 숨어 들어간 바이러스로 게놈 배열이 대대손손 이어져 보존되고 있어서 변화과정이나 숙주에 미친 영향 등을 추적할 수 있습니다.

바이러스학의 차원을 바꾸는 기술 혁명

바이러스학을 차원으로 나누어 연구 분석하는 것은 필자가 생각해낸 것으로 2015년 12월에 발표한 개념입니다. 예전에는 유전자 분석이 매우 힘든 일이라 2차원, 3차원 연구는 도저히 불가능했습니다.

그러다 2008년 이후 무어의 법칙[14]보다 훨씬 빠른 속도로 급격한 기술혁명이 일어나 시간과 비용을 압도적으로 절약할 수 있게 되었습니다. 그래서 다차원 네오 바이러스학이 현실적으로 가능

14 무어의 법칙(Moore's Law): IC회로 1개당 부품 수가 해마다 2배로 늘어난다는 법칙으로 해마다 2배의 속도로 진화하는 것을 뜻함

해 진 것이죠.

여기서 기술혁명이란 DNA나 RNA의 배열을 신속하게 결정할 수 있게 된 것을 의미합니다. 그 이전에 바이러스 분석의 출발점은 질병이었습니다. 질병이 하나 발견되면 바이러스를 분리하고 동정(同定, identify 동식물의 분류학상 소속을 정하는 것)한 후 유전자 분석에 들어갔습니다.

그러던 것이 기술 혁신으로 질병을 발견한 후 바이러스를 분리하지 않고서도 병변부(병이 진행되는 곳) 뿐 아니라 그 이외의 부위까지도 어떤 바이러스가 있는지 하루면 알 수 있게 되었습니다. 샘플에서 DNA와 RNA를 추출해 배열을 분석하는 방법을 쓰기 때문입니다. 이로써 어떤 바이러스가 있는지 먼저 알고, 그러고 나서 질병을 발견할 수 있게 되었습니다.

예를 들어 고양이의 소변에 바이러스가 있을 것이란 추측을 먼저 하고 바이러스를 동정하면 신부전과 같은 질병이 발병한 것을 알 수 있다는 식입니다. 고양이 홍역바이러스(feline morbillivirus : FeMV)는 이 방법으로 발견한 바이러스입니다.

이렇게 유전자 분석이 매우 편해지면서 2차원 바이러스학, 3차원 바이러스학이 가능해졌습니다. 하지만 그렇다고 해서 유전자 분석 기술만 가지고 다차원 네오바이러스학이 가능한 것은 아닙니다. 다차원 네오바이러스학은 동물학, 번식학, 의학, 바이오 인포매틱스(생물정보학), 컴퓨터 테크놀로지 등을 기반으로 종합적인 지식을 발전시켜 나가야 할 것입니다.

현대는 인간의 이동이 글로벌하게 변화한 만큼 바이러스학도 진화해야 합니다. 다차원 네오바이러스학을 발전시켜 나간다면 예측 바이러스학, 진화생물학의 발전에도 기여할 수 있을 것입니다.

즉 사회적으로도 과학적으로도 큰 공헌을 할 수 있을 것입니다.

제2장

인간은 바이러스와 함께 살아간다

인간은 바이러스를 지닌 야생동물과 함께 살아간다

1장에서는 신종 바이러스 감염증이 될 가능성이 있는 동물계의 바이러스에 관해 소개했습니다. 코로나19(COVID-19)의 원인 바이러스(SARS-CoV-2)가 원래 숙주라고 알려진 박쥐만이 아니라 여러 동물이 인간에게 바이러스를 옮긴다는 점을 알 수 있었습니다.

우리 인간은 다양한 동물에 둘러싸여 살고 있습니다. 개나 고양이 같은 반려동물은 물론 소, 돼지, 닭 등의 가축, 말, 양 낙타 등등. 그리고 야생동물까지 다양한 동물들이 지구상에 살고 있습니다.

도시에 살고 있으면 야생동물을 볼 기회가 별로 없지만 하늘을 한번 올려 다 보십시오. 새가 날아가는 것을 흔히 볼 수 있을 것입니다. 또 저녁 무렵에 하늘을 날아다니는 것은 거의 대부분 야생 박쥐입니다.

최근에는 도시에도 야생동물이 출몰합니다. 도쿄에서 흰코사향고양이를 봤다는 얘기도 들었고 필자가 사는 교토시 가모가와에는 뉴트리아(늪너구리)도 출몰합니다. 또 집 근처에는 사슴이 흔하게 지나다니고 있습니다. 뿐만 아니라 곰도 출몰한 적이 있습니다.

지역에 따라 야생 멧돼지가 산에서 내려오는 일도 있고 산속에는 곰이나 원숭이, 너구리와 같은 야생동물이 많이 살고 있습니다.

중국이나 아프리카에는 아직 야생동물을 잡아먹는 풍습이 남아 있는 곳도 있으니 그런 나라에서는 야생동물이 더 친밀한 존재일 것입니다.

2002년에서 2003년까지 유행한 SARS(사스)는 박쥐와 흰코사향 원숭이에서 인간으로 바이러스 감염이 이루어진 것으로 보고 있습니다. 2012년에 유행한 메르스는 박쥐에서 단봉낙타로, 단봉낙타에서 다시 인간으로 바이러스가 옮겨갔습니다.

MERS 코로나바이러스나 SARS 코로나바이러스는 모두 바이러스 종류로 나누면 코로나바이러스(베타 코로나바이러스)입니다.

2019년 말부터 유행하여 '코로나19 바이러스'로 불리는 바이러스는 SARS 코로나바이러스의 친척이며 SARS-CoV-2(SARS 코로나바이러스 2형)라는 바이러스명을 가지고 있습니다.

동물은 인간에게 감염되면 위험한 바이러스를 많이 가지고 있습니다.

인간과 매우 가까운 동물인 개에게는 광견병 바이러스가 있어 사람이 물려서 광견병에 걸리면 죽을 수도 있습니다. 돼지에게는 니파바이러스(Nipah virus)가 있는데 1998년~1999년에 동남아시아에서 이 바이러스가 퍼져 뇌염 환자가 속출했습니다. 말은 헨드라 바이러스(Hendra virus), 새는 고병원성 조류독감 바이러스

(AI, Avian Influenza)를 가지고 있습니다.

이렇게 다양한 야생동물이 인간에게 신종 바이러스 감염증을 전파합니다.

해마다 몇 개씩 발견되는 인간 신종 바이러스

코로나19 바이러스(SARS-CoV-2)에 의한 감염증이 확산되면

그림2-1 인간 신종 바이러스의 출현 건수 추이

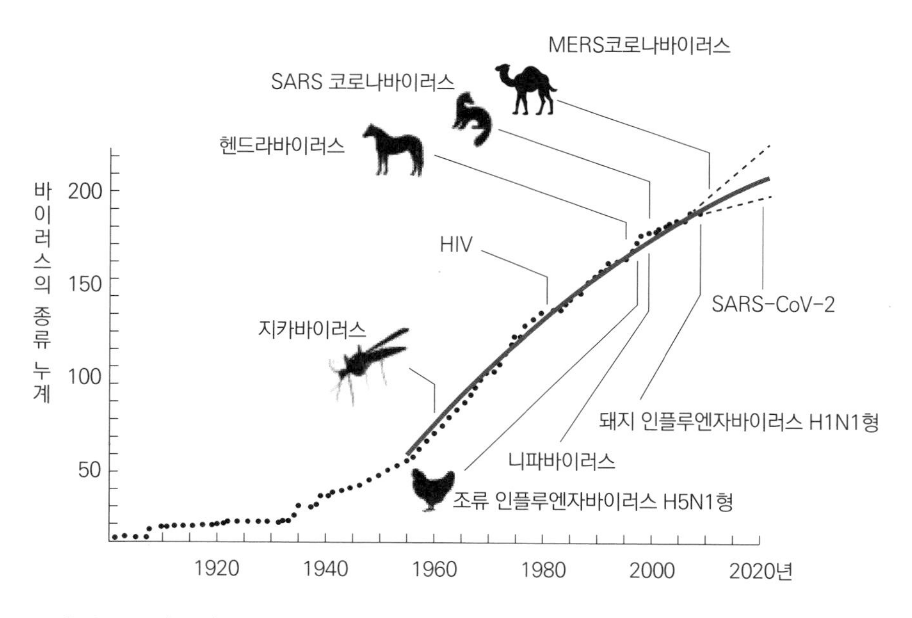

출처: WWF(2020) COVID19 : Urgent call to protect people and nature

서 인간 신종 바이러스 감염증에 대한 예방책을 처음 경험했다는 사람이 많이 있습니다. 하지만 사실 인간 신종 바이러스 감염증(새롭게 인지된 바이러스 감염증)은 해마다 몇 개씩 발견되고 있습니다.

그림 2-1은 2020년에 발표된 WWF(World Wide Fund for Nature 세계 자연기금)의 팸플릿에 실린 그래프인데 1990년 이후 등장한 인간 신종 바이러스 감염증의 누적 숫자가 나와 있습니다.

여기를 보면 1940년대 무렵부터 급격히 늘어난 것을 알 수 있습니다.

이렇게 급증한 이유로 바이러스 검출 기술이 발달한 것을 들 수 있습니다. 만약 신종 바이러스 감염증이 새로 생겨도 우리가 인식하기 전에 지구상에서 사라져 버린다면 아무도 새로운 바이러스가 등장했다는 사실조차 알지 못할 것입니다.

아마 예전에도 신종 바이러스는 해마다 많이 등장했을 것입니다.

하지만 지금처럼 팬데믹 규모로 확산되지 않고 어느 한 마을에서 발생했다가 소멸되는 정도로 끝나지 않았나 생각됩니다. 1940년대 이전에는 검출 기술이 아직 발달하지 않아서 신종 바이러스를 인식하지 못하고 지나간 일도 많았을 것입니다. 바이러스를 인식하지 못했을 뿐 신종 바이러스는 오히려 더 많았을지도 모릅니다.

1940년대 이후에는 기술의 발달로 다양한 바이러스를 검출할 수 있게 되었습니다.

검출 기술은 해를 거듭할수록 더욱 발전하므로 최근에는 상당히 많은 신종 바이러스가 발견되고 있습니다. PCR 검사처럼 소량의 바이러스를 증폭시켜 검출하는 기술도 개발됐기 때문에 정말 다양한 신종 바이러스를 검출해 낼 수 있게 되었습니다.

그림에서 1980~2020년 사이의 40년을 보면 약 100개의 신종 바이러스가 발견된 것을 알 수 있습니다. 1년에 2~3개꼴입니다.

코로나19 바이러스도 이렇게 1년에 2~3개꼴로 발견되는 신종 바이러스 중 하나입니다.

많은 사람들이 '코로나19는 갑자기 툭 튀어나온 바이러스'라고 생각하지만 실은 빈번하게 발견되는 신종 바이러스 중 하나입니다. 다만 코로나19 바이러스는 감염 규모가 엄청나게 커서 단숨에 전 세계로 퍼져버렸을 뿐입니다.

바이러스는 왜 퍼지는 걸까?

옛날에는 지구상의 한 지역에서 인간 신종 바이러스감염증이 생겨나 확산되더라도 한정된 범위 내에서만 퍼지고 종식됐습니다.

그런데 지금은 그것이 전 세계로 퍼지기 쉬운 구조가 되었습니다. 그 이유로 다음 세 가지를 들 수 있습니다.

1. 도시화

2. 교통의 발달(세계화)

3. 전쟁

코로나19 바이러스는 중국에서 시작돼 전 세계로 퍼져나갔습니다. 만약 중국이 예전처럼 지역 간 이동이 그리 활발하지 않은 나라였다면 중국의 일부 지역에서만 감염이 확산되고 말았을지도 모릅니다.

하지만 현재 중국은 도시화가 이루어졌고 인구가 밀집돼 있습니다. 자동차나 지하철 등 교통수단도 발달해서 감염 지역과 주변 지역의 왕래가 빈번합니다. 또 경제 발전으로 사람들이 잘살게 됐기 때문에 비행기를 타고 해외여행을 다닙니다.

2019년에 코로나19가 처음 등장했을 때는 중국 국내에서만 머물러 있었습니다. 이때 중국과 인적 교류가 없었다면 봉쇄에 성공했을지도 모릅니다.

하지만 코로나19에 감염된 중국인이 전 세계로 이동했고 또 다른 나라 사람들이 중국을 왕래했기 때문에 코로나19는 세계적인 규모의 팬데믹이 된 것입니다.

전쟁도 바이러스를 퍼뜨리는 커다란 요인이 됩니다. HIV-1(인간 면역결핍 바이러스 1형)이 확산된 것은 아프리카 대륙의 내전이 한 요인이라는 것이 정설입니다. 용병으로 고용되어 타국에 가서 싸운 사람이 HIV-1에 감염된 후 자국에 돌아와 바이러스를 퍼뜨렸다는 설도 있습니다.

1차 세계대전 말기에 유행했던 스페인독감(인플루엔자)은 전쟁으로 물자가 부족하고 아직 항생물질도 발명되지 않은 데다 병원의 위생 상태까지 좋지 않은 상황에서 바이러스가 퍼졌기 때문에 2차 감염으로 많은 사람이 죽었습니다.

스페인독감은 매우 위험한 인플루엔자였다고 하지만 스페인 독감의 원인 바이러스가 정말로 고병원성이었는지는 의심스럽습니다. 만일 스페인독감이 현재의 선진국에서 유행했다면 그 당시만큼 피해 규모가 크지는 않았을 것입니다. 현재 선진국은 위생 상태도 좋고 먹을 것도 물자도 풍부합니다. 그리고 의료 수준도 높아서 1차 세계대전 말 정도로 많은 사망자가 나오지는 않을 것입니다.

전쟁 때는 병사들의 이동이 이루어지고 의료자원과 물자, 식량

이 부족한 상태가 됩니다. 이것은 바이러스감염증이 확산되는 큰 요인입니다

바이러스가 발생하고 확산되는 13가지 요인

인간 신종 바이러스감염증이 확산되는 주요 요인이 도시화, 세계화, 교통의 발달, 전쟁이라고 말했습니다. 사실 교과서적으로는 인간 신종 바이러스감염증의 발생과 확대 요인으로 다음의 13가지가 있습니다.

1. 병원체의 적응과 변이

인간 신종 바이러스는 원래 동물계의 바이러스로 인간은 감염되지 않았습니다. 그런데 그런 바이러스가 동물에서 인간으로 전파된 것은 병원체의 적응과 변이가 일어났기 때문입니다.

2. 경제발전과 토지이용

경제가 발전하면 협소한 면적에 사람이 많이 모여서 밀집된 생활을 하게 됩니다. 즉 많은 사람이 감염될 리스크가 높아졌습니다.

3. 인구동태와 사람들의 행동 양식

인구동태도 감염 확대의 큰 요인입니다. 코로나19는 고령자가 중증화하는 경우가 많고 60세 이하에서는 리스크가 높지 않습니다. 선진국의 사망자 수가 많은 것은 고령 인구가 많기 때문입니다(그림2-2참조).

실제로 고령 인구가 많은 이탈리아와 미국에서는 코로나19로 인해 많은 고령자가 사망했습니다. 한국과 일본은 두 나라만큼 사

그림2-2 코로나19 사망자의 성별, 연령별 구조 (2021/2/1시점)

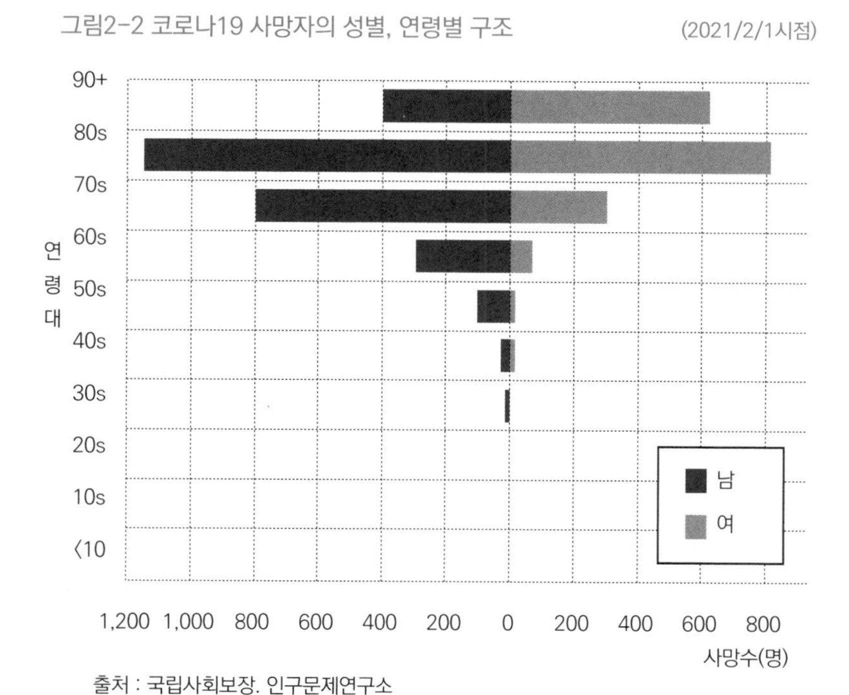

출처 : 국립사회보장. 인구문제연구소

망자가 많지는 않지만 고령 인구가 많은 나라이므로 감염이 확대되면 중증화 리스크가 높아질 수 있습니다.

한편 평균수명이 70세 이하인 개발도상국들은 코로나19 바이러스가 퍼져도 그다지 큰 문제가 되지 않습니다. 거의 대부분의 환자가 가벼운 증상으로 끝나기 때문입니다.

감염증 문제는 고령화 비율 같은 인구동태가 큰 요인 중 하나인 것만은 틀림없는 사실입니다.

사람들의 행동 양식이라고 하는 것은 사교성, 목소리 크기(비말 확대), 위생습관 등을 말합니다. 예를 들어 성적으로 비교적 자유로운 국가에서는 성 감염증이 퍼지기 쉬운 것처럼 말입니다.

4. 국제적인 인적, 물적 이동

사람과 물자가 이동하면 바이러스도 함께 이동합니다. 해외로 이동하면 바이러스는 전 세계로 확산됩니다.

5. 기술과 산업

여기서 기술은 의료분야의 기술을 말합니다. 페니실린과 같은 항생물질은 병원균을 죽이거나 증식을 억제해 의료에 큰 공헌을 해왔지만 한편으로는 내성균이라는 새로운 문제를 야기했습니다. 이 밖에도 돼지 등 동물의 장기를 인간에게 이식하는 연구도 상당히 진행됐는데 이런 이종 간의 이식으로 인해 바이러스가 동물에서 사람으로 전파되는 의원성 감염(병을 치료하는 과정에서 의사의 과실이나 사용한 약 등이 원인이 되어 생기는 병)이 일어날 가능성도 있습니다.

6. 공중위생(public health) 기반의 붕괴

감염증은 위생 상태와 밀접한 관련이 있습니다. 공중위생 기반이 무너지면 바이러스는 쉽게 퍼집니다.

7. 감염증에 대한 인간의 감수성

감염증에 대한 인간의 감수성은 바이러스의 유행과 관련이 있습니다. 감수성이 높은 사람이 많으면 바이러스 감염이 확대됩니다. 코로나19의 경우 민족 간 감수성 차이가 크지 않는 것처럼 보이지만 어느 한 민족이 유전적인 요인에 의해 특정 바이러스에 대한 감수성이 높은 현상은 종종 볼 수 있습니다.

8. 날씨와 기후

지구온난화가 심해지면 모기의 개체 수가 증가하기 쉬워집니다. 온난화로 인해 바이러스 매개체 역할을 하는 모기의 서식지가 고위도 지역으로 옮겨가게 되면 개발도상국의 병원체가 선진국으로 이동하기도 합니다.

9. 생태계의 변화

생태계가 변하면 바이러스도 영향을 받습니다. 생태계 변화는 신종 바이러스의 유행과 관련이 있습니다.

10. 빈곤과 사회적 불평등

빈곤은 감염증과 밀접한 관계에 있습니다. 2009년에 신종플루가 처음 유행한 곳은 멕시코로 사망자가 많이 발생했습니다. 그런데 이 바이러스가 미국으로 건너가지만 미국에서는 사망자가 별로 발생하지 않았습니다. 아마도 멕시코에 빈곤층이 많다는 점과 관련이 있지 않을까 생각합니다.

같은 바이러스더라도 선진국과 개발도상국에서 전혀 다른 전개를 보이는 경우가 있습니다. 빈곤이나 사회적 불평등으로 의료 서비스를 받지 못하는 사람이 많다면 감염은 확대됩니다.

11. 전쟁과 기아

전쟁이 일어나면 병사가 이동합니다. 또 물자가 부족해지며 의료 환경이 열악해집니다. 식량이 부족하니 기아에 노출되기도 합니다. 전쟁과 기아는 감염 확대의 큰 요인 중 하나입니다.

12. 정치적 의사 결여

정치적 의사의 결여란 정부가 나태하여 감염방지 대책을 실시하지 않는 것을 말합니다.

13. 의도적 위해

의도적인 위해란 새로운 바이러스를 개발해 고의로 확산시키는 등의 테러를 말합니다. 바이오 테러로 감염이 확대될 가능성도 아주 없다고는 할 수 없습니다.

암에 대항하면서 인간에게 도움을 주는 '유용한 바이러스'는 무엇인가

세상만사는 동전의 양면과도 같습니다. 병원성을 띠는 바이러스가 있으면 반대로 동물이나 사람의 몸에 이로운 바이러스도 있지 않을까요.

실제로 유용한 바이러스는 존재합니다.

수의학계에서는 1970년부터 유용한 바이러스의 존재가 알려졌습니다.

공기감염으로 닭에게 혈액암(림프종)을 일으키는 마렉병에 대해 앞서 얘기했습니다. 이 마렉병에 대해 생백신과도 같은 바이러스를 가지고 있는 야생조류나 칠면조가 있습니다.

그들이 가지고 있는 헤르페스 바이러스에 감염된 닭은 마렉병을 일으키는 조류 헤르페스 바이러스 1형에 감염되어도 암이 발병하지 않는 것으로 보입니다. 감염을 막는 것이 아니라 이 바이러스가 암 증상이 발현하는 것을 막는 것이죠. 이런 것이 바로 유용한 바이러스라고 할 수 있습니다.

인간에게 유용한 바이러스도 있습니다.

예를 들어 헤르페스 바이러스 중에는 감염되면 페스트균에 잘 감염되지 않는 바이러스가 있다는 논문이 있습니다. 또 헤르페스 바이러스에 감염된 후 천식 증상이 없어진 케이스도 보고되고 있습니다.

필자의 연구팀은 암에 대항하는 바이러스를 연구하고 있습니다. 이런 연구는 필자의 팀만이 아니라 많은 연구자들이 하고 있습니다. 병원성 바이러스 중에 유전자 조작으로 병원성을 제거한 뒤 암에 대항할 수 있도록 하는 연구가 전 세계적으로 이루어지고 있는데 이런 바이러스를 '종양 용해성 바이러스'라고 부릅니다.

저희 연구팀은 종양 용해성 바이러스가 아니라 바이러스에서 나오는 매우 짧은 RNA인 마이크로 RNA에 주목하고 있습니다.

그리고 암 억제성 마이크로 RNA를 배출하는 원숭이의 레트로바이러스(일본원숭이 포미 바이러스 foamy virus)에 대한 연구를 하고 있습니다.

이 밖에도 마찬가지로 유용한 바이러스인 소의 비병원성 레트로바이러스도 연구 중인데 이것 역시 마이크로 RNA를 대량으로 배출합니다.

유용한 바이러스에 대한 연구가 그다지 활발하지는 않지만 앞으로 유용한 바이러스가 많이 발견될 것으로 기대하고 있습니다.

현재 알려진 바이러스는 빙산의 일각

바이러스 연구는 빙산과 같은 상태라고 할 수 있습니다(그림 2-3). 현재 연구가 이루어지고 있는 바이러스는 모두 병원성 바이러스로 빙산의 일각입니다. 해수면 아래에는 아직 많은 바이러스가 감춰져 있습니다. 그중에서는 위험한 병원성 바이러스도 있고 유용한 바이러스도 있을 것입니다. 또 동물에게는 비병원성이지만 인간에게 감염되면 병원성을 나타내는 바이러스도 있을 것입니다.

그림2-3 바이러스 중에 병원성 바이러스는 극히 일부에 지나지 않는다

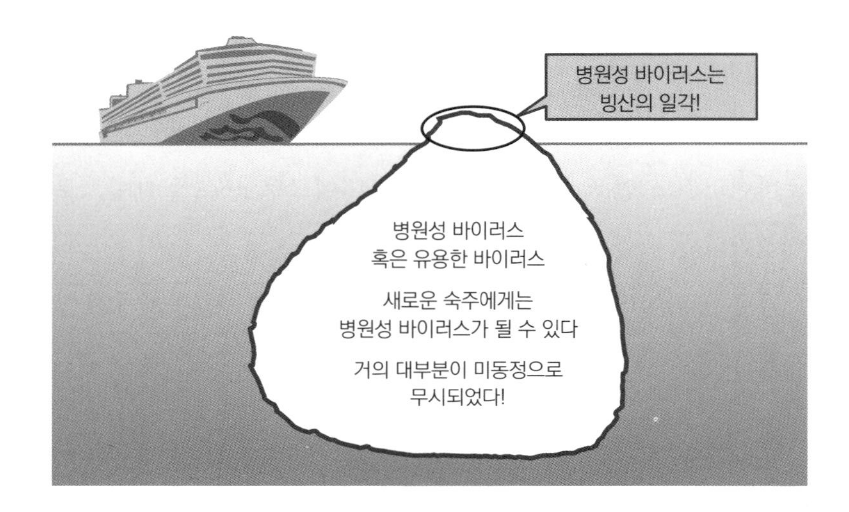

자연계에는 많은 바이러스가 존재하지만 대부분은 아직 정체가 불분명한 상태입니다.

바이러스 중에 연구비를 따낼 수 있는 것은 빙산의 드러난 윗부분, 즉 병원성 바이러스뿐입니다. 하지만 신종 바이러스감염증은 빙산의 아래쪽에서 시작되는데 이 부분에 대한 예산은 전혀 없습니다.

신종 바이러스감염증을 예측하고 예방하기 위해서는 빙산의 아랫부분에도 연구비를 투입해야 합니다. 많이 필요 없습니다. 연구자 1인당 연구비가 1년에 몇 천만 원 정도만 있으면 다양한 미

지의 바이러스 연구가 가능합니다. 그런 연구자가 천 명이 있어도 몇 백억 원으로 충분합니다.

그런데 현재는 선택과 집중으로 빙산의 일각인 병원성 바이러스에만 많은 예산이 투입되고 있는 상태입니다.

이미 알려진 바이러스를 연구하는 것도 중요하지만 비병원성 바이러스나 유용한 바이러스를 포함하여 총체적으로 연구하는 것은 미래의 인간 신종 바이러스감염증 대책에 있어 매우 중요합니다.

제3장
도대체 '바이러스'란 무엇인가

센트럴 도그마(단백질 합성 메커니즘)란?

3장에서는 원론적인 테마인 '바이러스란 무엇인가'를 살펴보고자 합니다. 먼저 세포의 기본적인 구조부터 알아보겠습니다.

인체를 구성하는 물질은 단백질입니다. 단백질이 없으면 생물은 살아갈 수 없습니다. 단백질은 세포 안에 있는 리보솜(libosome)이란 곳에서 만들어집니다. 말하자면 단백질이 만들어지는 '공장'이라고 해야겠지요.

공장에서 단백질을 만들려면 '설계도'가 필요할 것이고 그 설계도에 해당하는 것이 바로 DNA(deoxyribonucleic acid 디옥시리보핵산)입니다.

DNA는 세포의 핵 속에 들어있습니다. 그러면 이 핵을 설계도가 놓여 있는 '연구실'이라고 생각해 봅시다.

설계도인 DNA는 인간의 경우 약 30억 개의 염기쌍으로 이루어져 있으며 매우 길게 연결된 사슬 형태이기 때문에 연구실 밖으로 가지고 나갈 수가 없습니다. 연구실 안에 있는 몇 십만 권의 책들이 전부 이어져 있다고 생각하면 그것을 한꺼번에 연구실 밖으로 가지고 나갈 수는 없을 것입니다.

그림3-1 역전사와 번역의 구조

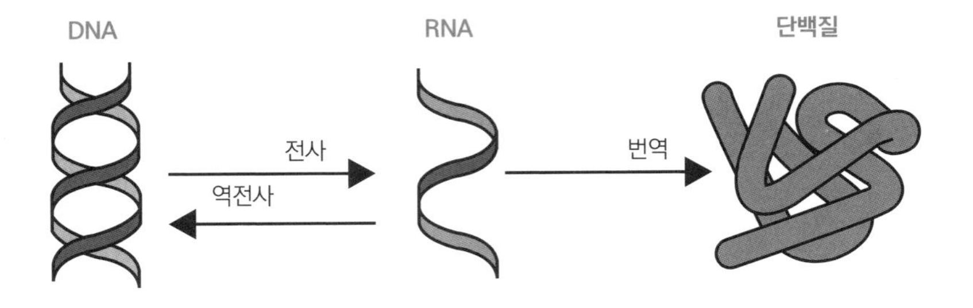

그래서 설계도(DNA 배열)의 필요한 부분만 복사(전사[15])해서 RNA(ribonucleic acid 리보핵산)라는 작업지시서를 만들고 연구실 외부에 있는 공장으로 가져가 이 지시서대로 단백질을 만들게 됩니다(단백질 합성). 이렇게 공장에 메시지를 전달하는 역할을 하는 RNA를 메신저 RNA라고 하고 메신저(messenger)의 m을 따서 mRNA라고 표기합니다.

DNA에서 RNA로 복사하는 것은 '전사'라고 하고 반대로 RNA로부터 DNA를 만드는 것은 '역(逆)전사'라고 합니다. 또 RNA의 작업 지시서를 바탕으로 단백질을 합성하는 것은 '번역'이라고 합니다.(그림3-1참조)

mRNA의 작업지시서는 단백질 합성이 끝나면 바로 폐기됩니

15 전사(傳寫 transcription): 단일 가닥 DNA를 주형으로 RNA가 합성되는 과정

다. 지시서가 남아 있으면 단백질이 계속 만들어지므로 필요한 만큼의 단백질의 양과 종류가 충족되면 mRNA는 사라져 버립니다.

DNA는 부모로부터 자식에게 전달되기 때문에 유전자라고 불립니다. DNA와 그 복사본인 RNA에는 유전자 정보인 염기서열이 있습니다.

염기에는 아데닌(A adenine), 구아닌(G guanine), 사이토신(C cytosine), 타이민(T hymine), 우라실(U uracil), 이렇게 다섯 가지가 있으며 DNA에서는 A, G, C, T가 배열에 사용되고 T–A, C–G가 대응하는 한 쌍이 됩니다. RNA에서는 타이민 대신 우라실이 사용되어 A, G, C, U로 배열이 이루어집니다.

DNA는 유전자 정보가 배열된 나선형 모양의 사슬이 2개의 쌍으로 되어 있습니다. RNA는 유전자 정보가 하나의 사슬로 이루어져 있습니다.

세포 속에서 이루어지는 일련의 흐름을 정리해 보면 복사한 설계도를 공장으로 가져가 단백질을 만드는 것, 즉 DNA→RNA→단백질이 되는 흐름이죠(그림3–1).

세균을 포함한 모든 생물은 이 흐름으로 인해 성립되기 때문에 이것을 센트럴 도그마(central dogma 중심원리)라 부르는 것입니다. 생물학에서는 오랜 시간 동안 센트럴 도그마 외에 다른 흐름은 없다고 생각했습니다. 그래서 도그마라는 용어를 붙였나 봅니다.

그런데 1970년에 레트로바이러스가 센트럴 도그마와는 반대로 움직이고 있다는 것이 밝혀진 것입니다.

레트로바이러스에 관해서는 5장에서 상세히 설명하겠지만 간단히 말하면 '레트로'란 '반대'라는 의미입니다. 즉 센트럴 도그마와는 반대로 RNA에서 역전사해 DNA를 만들고 그것을 핵 속의 DNA에 기록하는 것이죠. 레트로바이러스는 RNA를 역전사해 숙주의 DNA에 합성해 버린다는 특징을 가지고 있습니다.

RNA로부터 DNA를 합성하는 역전사의 메카니즘을 보이기 때문에 분자생물학의 중심원리를 따르지 않는 가장 대표적인 존재로 분류되고 있습니다.

'바이러스'란 무엇인가?

바이러스는 유전자 정보를 담은 입자입니다.

크게 나누면 DNA형 바이러스와 RNA형 바이러스가 있습니다. DNA가 있고 그 DNA를 단백질 껍질로 싸고 있는 것이 DNA형 바이러스, RNA를 가지고 있고 그 RNA를 단백질 껍질로 싸고 있

그림3-2 바이러스의 구조

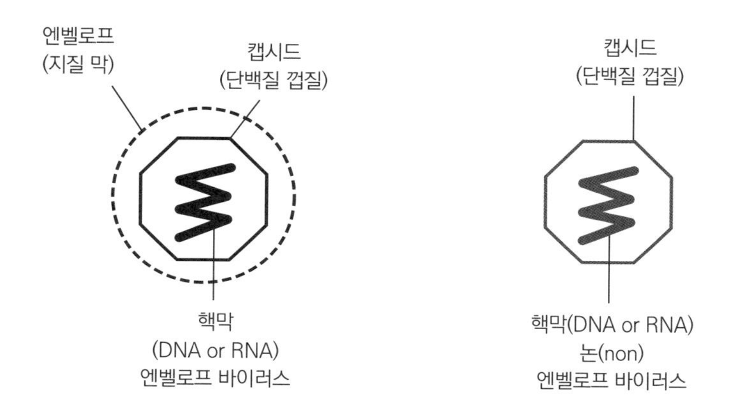

는 것이 RNA형 바이러스입니다. 또 주위를 엔벨로프(envelope)라고 불리는 지질 막으로 덮고 있는 바이러스도 있습니다.

바이러스는 설계도나 작업지시서는 가지고 있지만 공장(리보솜)은 가지고 있지 않습니다. 그래서 바이러스는 단독으로 증식할 수 없고 생물에 감염을 일으켜 숙주의 세포 속에 숨어 들어가 숙주의 세포 안에 있는 공장을 이용해 증식합니다.

RNA형 바이러스를 예로 들어 설명하면, RNA는 단백질을 만드는 작업지시서 이므로 이 작업지시서를 세포 안에 있는 공장인 리보솜으로 가져갑니다. 세포 입장에서 보면 이것은 바이러스가 보낸 가짜 작업 지시서지만 어쨌든 공장에서는 작업지시서에 따라 단백질을 생성합니다. 이렇게 만들어진 단백질에는 RNA를 복제하는 효소도 포함되어 있으므로 바이러스의 RNA를 계속해서 복제하게 됩니다.

복제된 RNA는 단백질 껍질 속으로 들어가 바이러스를 계속적으로 복제해 나가는 것입니다. 세포분열은 2배로 늘어날 뿐이지만 바이러스는 이런 방식으로 한 번에 많은 복제를 만들어 증식할 수 있습니다.

이렇게 복제된 다수의 바이러스가 세포 밖으로 빠져나가 다른 세포를 감염시키고 같은 과정이 반복됩니다.

세포를 바이러스에 감염시키기 위해 엔벨로프(지질 막)를 이용하는 바이러스도 있습니다. 바이러스가 숙주의 세포에서 빠져나올 때는 숙주의 세포막을 뒤집어쓰고 나옵니다. 이것은 숙주의 세포막을 차용해서 나온다는 것이죠. 세포의 막을 통과해 세포 안에서 밖으로 빠져나갈 때 마치 세포막인 것처럼 자기 몸을 위장해서 나간다는 뜻입니다.

'DNA형 바이러스'와 'RNA형 바이러스'

우리 몸 속의 DNA는 이중 가닥의 사슬로 이루어져 있고 RNA

는 단일 가닥의 사슬로 이루어져 있는데 일부 바이러스 중에는 DNA이지만 단일 가닥 사슬인 것도 있고, RNA이지만 이중 가닥 사슬인 것도 있습니다. 예를 들면 파보바이러스(parvovirus)는 사슬이 한 가닥인 DNA 바이러스이고 비르나바이러스(birnavirus)는 사슬이 두 가닥인 RNA 바이러스입니다.

RNA의 사슬에는 플러스(+) 사슬과 마이너스(–) 사슬이 있습니다. 플러스 사슬 RNA는 RNA를 직접 리보솜(공장)으로 가져가 단백질을 만들어낼 수 있지만 마이너스 사슬 RNA는 단백질을 만들어내지 못합니다. 마이너스 사슬 RNA는 일단 플러스 사슬 RNA로 바뀌어야 그 플러스 사슬 RNA를 리보솜으로 가져가 단백질을 만들 수 있습니다.

정리해 보면 바이러스는 다음과 같이 7개의 종류로 분류해 볼 수 있습니다.

1. 이중 가닥 DNA
2. 단일 가닥 DNA
3. 이중 가닥 RNA
4. 단일 가닥 RNA 플러스 사슬
5. 단일 가닥 RNA 마이너스 사슬
6. 단일 가닥 RNA 플러스 사슬 역전사

7. 이중 가닥 DNA 역전사

코로나19 바이러스를 포함한 코로나바이러스는 4번째 분류에 해당하는 단일 가닥 RNA(플러스 사슬) 바이러스입니다.

또 6번째 분류(단일 가닥 RNA 플러스 사슬 역전사)는 레트로 바이러스라고 합니다. 레트로바이러스와 '역전사'에 관해서는 뒤에 다시 상세히 설명하겠습니다.

바이러스는 세포보다 압도적으로 크기가 작다

바이러스는 크기가 어느 정도 될까요.

종류에 따라 다르기는 하지만 바이러스는 크기가 매우 작아서 30~400나노미터 (1나노미터=백만분의 1㎜) 정도입니다. 1㎜의 3만 분의 1~2천 5백 분의 1 정도 되는 크기입니다. 세포 안으로 침입하는 바이러스가 세포 크기와 비교해 볼 때 얼마나 작은지 알 수 있습니다.

예를 들어 림프구[16] 세포의 크기는 7~12마이크로미터(1㎛=

---

16 림프구(lymphocyte 림프求): 백혈구의 한 형태로 우리 몸의 면역 기능에 관여하는 세포

1/1000㎜) 정도입니다. 참고로 림프구는 동그란 구 형태라는 이미지가 있지만 실제로는 다리처럼 생긴 것들이 달려있어 털북숭이 같은 모양을 하고 있습니다.

바이러스의 직경은 세포 1개의 직경 위에 바이러스 100개가 한 줄로 늘어설 수 있을 정도로 작습니다.

제가 전에 가르치던 대학에서 축산과 학생들에게 '바이러스의 모양을 상상해서 그려보라' 고 했더니 많은 학생들이 발이 달린 바이러스를 그렸는데, 발이 달린 바이러스는 세균에 감염이 되는 바이러스(파아지, phage)입니다.

반면 포유류에 감염되는 바이러스는 정20면체, 구형, 타원형, 총알형, 부정형 등으로 모양이 다양합니다. 거의 모든 바이러스가 400나노미터 이하지만, 예외적으로 필로바이러스(Filovirus)처럼 1500나노미터정도 되는 띠 모양 바이러스도 있습니다. 하등한 원생동물[17] 중에는 이것 말고도 다른 형태의 바이러스가 잇따라 발견되고 있습니다.

바이러스는 지구상에 어느 정도 존재하고 있을까요.

---

17 원생동물(protozoan 原生動物): 단세포로 된 가장 하등한 원시적인 동물로 세포분열이나 발아에 의하여 번식한다

바닷물을 채취해 조사해 보니 대량의 바이러스(심해에서는 1 ㎖에 100만 개, 연안 바닷물의 해수에서는 1억 개)가 발견되었는데 이 중 대부분은 정체불명의(unidentified) 바이러스로 어떤 바이러스인지 어떤 작용을 하는지 전혀 알 수 없는 바이러스들입니다.

물질량(탄소량)으로 계산하면 지구상에 있는 인류 전체의 무게보다 바이러스 전체의 무게가 더 무거울 것으로 추정됩니다. 바이러스 하나하나는 매우 작지만 엄청나게 많은 양이 존재하기 때문에 중량으로 환산하면 인간보다 바이러스가 더 무거워지는 것입니다.

변화하는 바이러스의 정의

바이러스는 매우 작은 무생물에 속하지만 동시에 생물 같은 영향을 미치는 무생물 이라고 할 수 있습니다. 한마디로 생물과 무생물의 특성을 모두 가지고 있으며 한번 감염이 이루어지면 세포에 지대한 영향을 미칩니다. 처음 발견된 바이러스는 '질병을 일으키는 존재'였습니다. 앞에서 언급했듯 바이러스의 어원은 '질병과 죽음을 초래하는 독(poison)'이라는 라틴어에서 유래 되었습니다.

노벨 생리의학상을 수상한 앙드레 르보프(Andre Lewoff)[18]에 따르면 바이러스의 정의는 다음과 같습니다.

—바이러스란

"감염성이 있고, 엄밀하게 세포 내에만 기생하며 잠재적으로 병원성을 지닌다. 그리고 한 종류의 핵산을 가지고 있으며 유전물질의 형태로 증식하고, 2분열로는 증식하지 않으며 에너지 생산을 위한 일련의 효소를 가지고 있지 않다."

이 정의 중 '잠재적으로 병원성을 지니며'라는 부분은 연구가 발전한 현시점에서는 옳은 표현이 아닙니다. 질병을 일으키지 않는 바이러스가 많이 발견됐기 때문입니다. 오히려 병원성 바이러스가 매우 소량이고 거의 대부분이 비병원성 바이러스라는 것이 현재의 주류 개념입니다.

'한 종류의 핵산을 가지고 있으며'라는 부분도 엄밀히 말하면 옳다고 할 수 없습니다. DNA와 RNA가 둘 다 바이러스 입자 안에

---

18 앙드레 르보프(Andre Lewoff 1902~1994): 1965년에 효소의 유전적 조절 작용과 바이러스 합성에 대한 연구로 프랑수아 자코브, 자크 모노와 함께 노벨 생리학·의학상을 수상했다

서 존재하는 바이러스도 있기 때문입니다.

'2분열로는 증식하지 않으며'라는 것은 세포 내에 바이러스 한 개가 들어갔을 때 분열해서 두 배로 늘어나는 것이 아니라 단번에 백 개, 천 개가 만들어지는 식으로 늘어난다는 뜻입니다.

'에너지 생산을 위한 일련의 효소를 가지고 있지 않다'는 것은 바이러스가 독자적으로 에너지를 생산할 수 없고 세포 내부에 들어가 세포에 기생하며 세포의 에너지로 바이러스 입자를 만들어 낸다는 뜻입니다.

현재의 교과서적인 바이러스의 정의는 다음과 같습니다(현대적으로 수정).

—현재의 바이러스의 정의

① 게놈은 DNA 혹은 RNA이며, 핵산으로서 DNA나 RNA 중 하나만 가지고 있다(입자 속에 둘 다 가지고 있는 바이러스도 있다).

② 단백질 합성을 위한 리보솜이 없으며 살아있는 세포 내에서만 증식한다.

③ 2분열에 의한 증식 형태를 취하지 않으며 증식 과정에서 암흑기라 불리는 감염성이 소실되는 시기가 존재한다.

④ 라이프사이클 중에 바이러스 입자를 형성하는(감염을 위한

구조물을 형성하는) 시기가 있다.

③은 좀 이해하기 어려울 수도 있는데, 세포 안에 유전물질(DNA, RNA)만 남고 단백질이나 효소가 존재하지 않는 경우 일시적으로 바이러스가 세포 안에서 완전히 소멸된다는 의미입니다.

하지만 세포 안에 단백질이 형성되어 쌓이면 다시 바이러스 입자가 나타나는데 그것이 ④가 의미하는 바입니다.

이미지적으로 말하면 세포 내에 들어간 바이러스가 일시적으로 사라졌다가 다시 나타난다는 느낌으로 받아들이시면 됩니다.

'코로나-19 바이러스'는 어떤 바이러스인가

2019년에 발생한 코로나바이러스감염증19(COVID−19)의 전문적인 바이러스명은 SARS−CoV−2입니다. 2002~2003년에 유행한 SARS 코로나바이러스(severe acute respiratory syndrome coronavirus)의 아종으로 '제2형 중증급성호흡기증후군 코로나바이러스' 정도로 표현할 수 있습니다.

코로나19의 위치는 '코로나바이러스과(科) 오르토코로나바이러스아과(亞科) 베타코로나바이러스속(屬)'입니다.

코로나바이러스라고 불리는 것은 바이러스 주변이 왕관 같은 모양이기 때문입니다. 코로나는 원래 태양 주변에 왕관처럼 불꽃이 이글이글 뿜어 나오는 것처럼 보이는 기체층을 말합니다.

코로나바이러스에는 왕관 모양의 돌기가 있는데 스파이크 단백질이라고 불리는 이 부분이 세포의 수용체에 달라붙어 세포에 감염을 일으키게 됩니다.

스파이크 단백질은 지질 이중 막의 엔벨로프 부분에 박혀 있는데 앞에서 언급했듯 이 막은 바이러스가 만들어낸 막이 아닙니다. 코로나바이러스가 인간에게 감염된 경우에 그 복제된 코로나바이러스의 막은 인간의 세포막입니다. 코로나바이러스가 인간의 세포막을 뒤집어쓰고(위장해서) 밖으로 나가는 것이죠. 이렇게 엔벨로프를 가지고 있는 바이러스를 엔벨로프 바이러스라고 부릅니다.

엔벨로프는 지질막이라서 에탄올 같은 유기용매에 약합니다. 코로나19 바이러스에 에탄올이 효과가 있느냐는 질문을 많이 받는데 엔벨로프가 있기 때문에 에탄올로 소독하면 효과가 있습니다. 특히 100%보다 70% 에탄올이 효과적입니다.

에탄올이 효과가 있느냐 없느냐는 엔벨로프 바이러스인지 아닌지로 판단 가능합니다. 코로나바이러스 같은 엔벨로프 바이러스에는 에탄올 소독이 효과가 있습니다.

그리고 자외선 살균이 코로나바이러스에 효과가 있느냐는 질문을 하는 사람도 있는데, 자외선을 쐬면 바이러스의 핵산(DNA 또는 RNA)이 붕괴되므로 효과가 있습니다.

구제역 바이러스나 노로 바이러스는 엔벨로프가 없는 바이러스입니다. 엔벨로프가 없기 때문에 에탄올 같은 유기용매로 소독해도 효과가 없습니다.

'코로나-19 바이러스'는 다수의 유전자를 가진 긴 게놈 배열의 바이러스

코로나19 바이러스는 포유류에게 감염되는 바이러스 중에서는 최대급의 RNA 배열을 가진 바이러스입니다. RNA 배열이 30킬로베이스(1킬로베이스= 1,000개), 즉 3만개의 염기서열(AGCU)로 늘어서 있습니다.

에이즈 바이러스인 인간 면역결핍바이러스(HIV)의 RNA가 9

천 개 정도의 염기서열로 늘어서 있는 것과 비교하면 길이가 3배나 깁니다. 어떤 이유로 이렇게 긴지는 아직 밝혀지지 않았습니다. 어쩌면 바이러스 진화 과정에서 유전자를 획득해서 이렇게 길어진 것인지도 모릅니다.

염기서열이 길다는 것은 쉽게 말하면 게놈 구조가 복잡하다는 소리입니다. 적어도 코로나바이러스가 단순한 게놈 구조가 아니라는 것은 확실합니다.

코로나19 바이러스의 특징은 긴 배열 안에 작은 단백질을 많이 '코드'하고 있다는 점입니다. 단백질을 코드 한다는 것은 단백질을 만드는 배열을 가지고 있다는 뜻입니다. 일부 작은 단백질이 숙주의 면역계(인터페론 등)에 대항하고 있어 병원성이나 증식성을 결정하고 있는 것이 아닌가 추측될 뿐, 자세한 것은 아직 밝혀지지 않았습니다.

전문적으로 말하면 코로나19 바이러스의 가장 큰 유전자 산물은 배열을 읽는 단위(reading frame)가 하나씩 뒤로 밀려나 어긋나 있는 특징이 있습니다.

유전자 정보는 'G · A · C', 'U · G · G' 처럼 염기서열을 3개 단위로 끊어 그에 해당하는 아미노산으로 읽습니다. 'GAC'는 아스파라긴산이고 'UGG'는 트립토판 하는 식으로 말입니다. 그런데 코로나19 바이러스는 3개씩 끊어 읽다 보면 도중에 읽을 수 없는 부분이 나옵니다. 끊은 단위를 하나씩 밀리게 해서 앞에서부터 다시 3개씩 읽으면 유전자 정보 전체를 아미노산으로 읽어낼 수 있습니다. 이런 특징을 가지고 있는 바이러스가 또 있는데, 바로 에이즈의 원인인 HIV와 같은 렌티 바이러스(Lentivirus 레트로바이러스의 일종)입니다.

동물 세계의 메이저 바이러스, 코로나

많은 사람들이 이번 코로나19 사태로 '코로나바이러스'라는 말을 처음 접했을 겁니다. 그래서 코로나바이러스가 마이너한 바이러스라고 생각할 수도 있지만 사실 코로나바이러스는 굉장히 메이저한 바이러스입니다. 특히 수의학의 세계에서는 항상 접하는 아주 일반적인 바이러스입니다.

축산분야에서 일하는 수의사는 가축에게 질병을 일으키는 바이러스에 대처해야 합니다. '조류독감(인플루엔자)'은 많이 들어봤을 겁니다. 가축은 이렇게 인플루엔자를 비롯해 다양한 바이러스성 질환을 앓습니다. 코로나바이러스 또한 마찬가지입니다.

그리고 돼지 코로나바이러스, 닭 코로나바이러스, 칠면조 코로나바이러스, 소 코로나바이러스, 말 코로나바이러스, 고양이 코로나바이러스, 개 코로나바이러스 등은 동물마다 걸리는 코로나바이러스가 달라 이미 오래전부터 연구해왔습니다.

코로나바이러스 중에는 숙주인 동물에게 질병을 일으키는 코로나바이러스도 있고 질병을 일으키지 않는 코로나바이러스도 있습니다. 동물은 다양한 코로나바이러스에 감염되는데 지금까지 연구가 이루어진 것은 모두 질병을 일으키는 코로나바이러스이고, 감염은 되지만 질병을 일으키지 않는 코로나바이러스에 대한 연구는 거의 이루어지지 않았습니다. 즉 미지의 코로나바이러스가 그만큼 많다는 뜻입니다.

ICTV(Internaitonal Committee on Taxonomy of Viruses 국제바이러스분류위원회)의 데이터베이스 상에는 최소 46종의 코로나바이러스가 등록돼 있습니다. 이들 코로나바이러스는 ICTV에서 이름을 붙인 것으로 이들 외에도 아직 이름이 없는 코로나바이러스가 많습니다. 바이러스종의 정의도 확실한 것이 아닙니다.

데이터베이스는 계속해서 업데이트되고 있어서 지금 이 순간에도 새로운 바이러스가 추가 됐을 가능성이 있습니다. 따라서 46

종이라는 숫자가 정확하지 않으며 코로나바이러스가 다양하게 존재한다는 정도로 이해하면 될 것 같습니다.

'코로나19 바이러스'의 원래 숙주는 관박쥐?

코로나19 바이러스(COVID−19)가 마치 갑옷을 입고 있는 듯한 모습의 포유류인 천산갑(Pangolin)에서 온 것이라는 논문이 영국의 네이처지에 실렸습니다. 그래서 천산갑이 코로나19의 원인으로 알려지기도 했습니다. 그러나 정확하게는 관박쥐의 바이러스라는 설도 있어서 아직 확실하게 밝혀진 것은 없습니다.

필자는 천산갑 설에 대해서는 부정적입니다. 그보다 관박쥐의 몸 속에서 재조합이 이루어져서 인간에게 감염된 것이 아닌가 생각하고 있습니다. 아니면 관박쥐에서 유래한 코로나바이러스 2종이 다른 동물에게 감염되어 재조합을 일으켰을 가능성도 있습니다.

2002~2003년에 유행한 SARS 코로나바이러스도 관박쥐 유래라고 보는 설이 유력합니다. 또 2012년에 유행했던 메르스 코로나

바이러스는 단봉낙타에게서 인간에게 전염된 것이라고 알려져 있지만 사실 단봉낙타는 중간 숙주이고 원래 숙주는 집박쥐(Pipistrellus abramus) 혹은 대나무박쥐(Tylonycteris pachypus)입니다.

계통도를 보면 유래를 알 수 있습니다.

인간 코로나바이러스 중 감기 코로나바이러스인 OC43(HCoV-OC43)은 개나 소, 돼지 등에서 유래되었고, HKU1(HCoV-HKU1)은 래트나 생쥐에서, NL63은 박쥐, 229E는 낙타 혹은 박쥐에서 유래되었습니다. 이것은 사람과 가깝게 지내는 동물 중에서 코로나바이러스의 유전자 재조합이 일어나 인간에게도 감염되는 바이러스로 변했다는 뜻입니다.

동물의 코로나바이러스가 인간에게 감염된 케이스는 지금까지 총 일곱 번 있었고 코로나19 바이러스가 여덟 번째입니다. 거의 일어나지 않는 희귀한 케이스가 아니라 일곱 번이나 있었던 일에 또 한 번이 추가된 것입니다.

SARS 코로나바이러스는 독성이 매우 강한 바이러스이기 때문에 많은 사람이 죽었고 숙주가 죽으면서 바이러스도 함께 사라져 버렸습니다. 하지만 코로나19 바이러스는 그렇게까지 독성이 강하지 않아서 앞으로 계속 존재할 가능성이 있습니다.

그림3-3 베타코로나바이러스 계통도

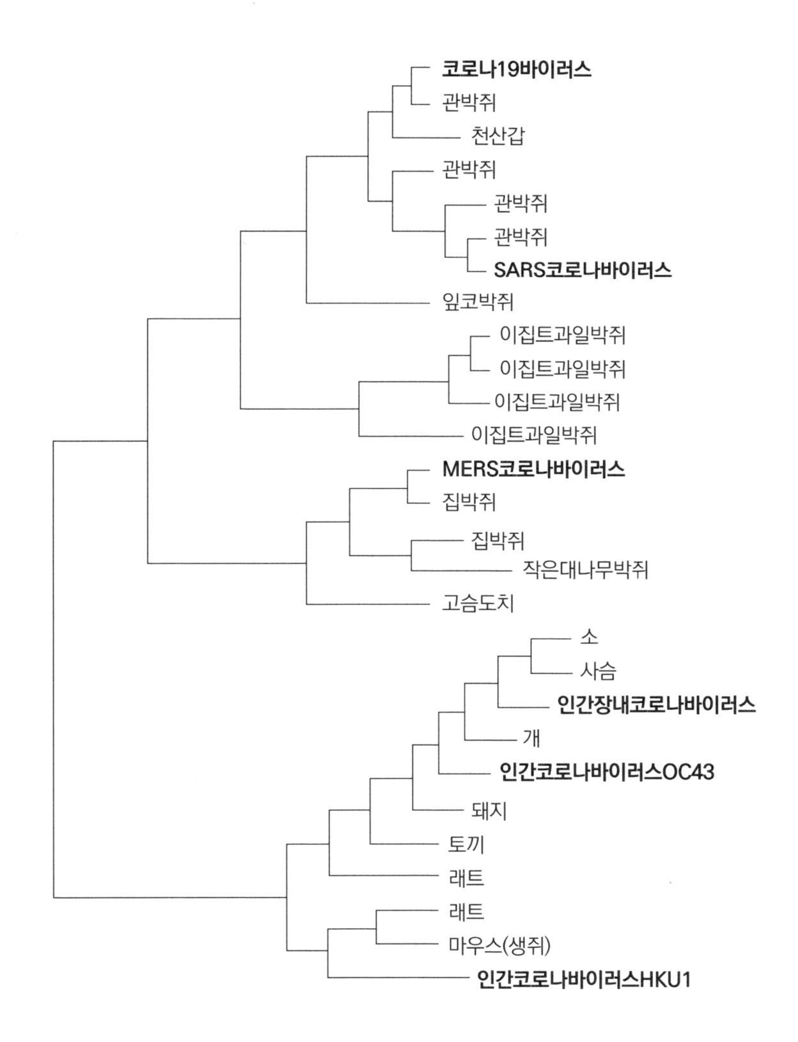

※가지의 길이는 반드시 정확한 것은 아님

제공: 나카가와 소 박사(도카이대학 의학부)(일부 발췌, 일부 개편)

개발도상국에 코로나 감염이 적은 이유-'의외의 가설'

코로나바이러스가 일으키는 질환은 거의 대부분이 호흡기 질환이나 소화기 질환입니다. 예를 들어 돼지 코로나바이러스는 호흡기형과 장관(창자)형이 있는데 이 두 가지는 스파이크 단백질 부분이 약간 다릅니다.

코로나19 바이러스의 주요 증상은 폐렴 등의 호흡기 질환이지만 소화기 질환인 경우도 있습니다.

선진국에서는 수세식 화장실을 사용하므로 대변을 본 후 물로 흘려보내기 때문에 분구감염[19]이 거의 일어나지 않습니다. 그러나 개발도상국에서는 대변을 강에 흘려보내거나 밭에 뿌리는 경우가 많아 코로나바이러스에 오염된 강물을 식수로 사용해 감염이 일어나고 있을지도 모릅니다. 어쩌면 개발도상국에서의 코로나바이러스는 설사가 주요 증상인 바이러스로 변이됐을 가능성도 있을 수 있습니다.

설사를 일으키는 코로나바이러스에 감염됐다가 면역이 생겼다면 호흡기 질환을 일으키는 코로나바이러스가 들어와도 장에서 생성된 면역으로 감염을 막을 수 있습니다.

---

19 분구감염(糞口感染 fecal-oral route): 배설물에서 구강을 통해 감염이 일어나는 것

캄보디아에서는 코로나19가 거의 없다는 보도가 있었습니다. 그 이유는 고령 인구가 적다는 것 외에 설사형 코로나바이러스로 변이됐을 가능성도 예측할 수 있습니다. 하수도 시설이 낙후된 개발도상국에서는 이미 많은 사람들이 설사형 코로나바이러스에 감염됨으로써 면역이 이루어져 폐렴형 코로나바이러스를 막고 있는 것인지도 모릅니다.

바이러스도 살아남기 위해 진화를 거듭하고 있어서 그 지역의 환경과 문화에 맞춰 독자적으로 진화할 가능성도 있습니다.

입맞춤이 보편적인 문화권에서는 타액에 바이러스가 존재하면 확산력이 올라가니 바이러스 입장에서는 최고의 생존전략이 될 것입니다. 기침으로만 전염된다면 감염의 기회가 한정적이지만 타액에 바이러스가 존재하면 감염 기회가 크게 확대되므로 바이러스에게는 더할 나위 없이 좋은 상황입니다.

일본에서는 음식점에서 코로나바이러스에 감염되는 케이스가 많습니다. 바이러스 입장에서는 독성을 조금 낮춰 음식점에 갈 수 있을 정도의 체력만 남겨 둔 채 감염시켜, 타액 속에 존재하는 바이러스가 음식점을 방문하는 여러 사람들에게 옮기는 생존전략을 취한다면 확산력이 상당히 올라갈 것입니다.

동물의 코로나바이러스를 보면 이런 여러 가지 가능성을 추측해 볼 수 있습니다. 그러니 코로나19가 호흡기질환에만 한정된다는 고정관념은 버리는 것이 좋습니다.

실제로 코로나19에 감염된 후 신경증상이 나타난 케이스가 있어 의사들이 놀랐다고 하는데 필자와 같은 수의사들은 쥐 코로나바이러스의 변형 중에 뇌염이나 수막염을 일으키는 케이스를 이미 알고 있어 인간 코로나바이러스에서도 드물게 일어날 수 있다고 보고 있었습니다. 인간의 코로나도 동물 코로나바이러스처럼 폐가 아니라 뇌로 가는 신경지향성을 보일 가능성도 있습니다.

다만 신경지향성으로 변이한다면 거기에서 다른 개체로의 감염은 쉽지 않아 그 사람만의 숙주 감염으로 끝나버립니다.

인류는 12~14세기부터 '코로나와 함께(with Corona)'였다?

코로나19가 언제 종식되느냐는 질문을 많이 하는데 그것은 필자도 모릅니다. 어쩌면 몇 십 년이 걸릴 수도 있습니다.

감기 코로나바이러스인 229E(HCoV-229E)는 1968년에 발견됐는데, 그 이후로 해마다 질환을 일으키고 있습니다. 229E가 52년이 지난 현재도 인간이 감기에 걸리므로 코로나19 바이러스가 앞으로 50년 이상 존재한다 해도 전혀 놀라운 일이 아닙니다.

다가올 미래는 '코로나와 함께(with Corona)'하는 시대가 될 것이라는 말들을 하지만 인간은 이미 적어도 52년간 이미 코로나와 함께 해 왔습니다.

감기 코로나바이러스인 NL63은 훨씬 더 오래된 바이러스로 13세기경에 발생했다고 추측됩니다. 13세기면 중세시대 무렵입니다.

고문서 전문가에게 들은 바에 따르면 헤이안시대(794~1185)에 이미 일본에 인플루엔자와 유사한 역병이 유행했다는 기록이 있다고 합니다. 언제 한번 고문서 데이터베이스를 검색해보면 좋을 것 같습니다. 만약 당시 기록에 '맛을 느낄 수 없다' '모래를 씹는 것 같은 느낌이다'라는 얘기가 적혀 있다면 그것은 NL63 코로나바이러스일 가능성이 높습니다.

참고로 NL63이 13세기에 발생했다는 추측은 홍역바이러스 부분에서도 언급했듯이 변이 속도 계산에 따른 것입니다. 바이러스의 변이 속도를 계산하면 그 바이러스가 언제쯤 생겨났는지를 짐작할 수 있습니다.

변이 속도를 계산해 보니 NL63이 다른 바이러스에서 갈라져 나와 새로운 바이러스가 된 것은 약 800년 전이었습니다.

코로나바이러스는 변이가 빠르다는 것도 오해입니다. 전혀 그렇지 않습니다. 실제로 52년 전에 생겨난 229E 코로나바이러스가 거의 변하지 않고 지금도 해마다 유행하는 것만 봐도 알 수 있습니다.

이중 가닥 사슬인 DNA 바이러스에 비하면 단일 가닥 사슬인 RNA 바이러스는 변이의 속도가 빠르기는 하지만 코로나바이러스는 RNA 바이러스 중에서는 변이 속도가 느린 바이러스에 속합니다.

RNA 바이러스 중에서도 변이가 빠른 HIV는 변종도 매우 많습니다. 그에 비하면 변이 속도가 느린 코로나바이러스의 변종은 같은 RNA 바이러스 중에서는 HIV만큼 많지 않습니다.

'코로나19 바이러스'는 미지의 바이러스가 아니다?

코로나19는 2002~2003년에 유행한 SARS 코로나바이러스와 RNA 배열이 매우 비슷합니다. 몇 가지 유전자에 차이가 있을 뿐이지 거의 동일한 바이러스라고 생각해도 좋을 것입니다. 다른 말로 하면 코로나19 바이러스는 SARS 코로나바이러스의 아주 가까운 친척이고 SARS 코로나바이러스의 아종이나 아형이라고 할 수 있습니다. 바이러스학의 관점에서 보면 전혀 새로운 바이러스가 아닙니다.

바이러스학 전문가도 아닌 사람들이 미지의 바이러스 운운하는데 바이러스학에서 보면 '미지(未知)'가 아니라 '기지(旣知)'의 바이러스, 이미 속속들이 알고 있는 바이러스입니다.

코로나19는 구형인 SARS 코로나바이러스의 독성이 약화된 변종입니다.

코로나19에 감염돼 폐렴에 걸린 사람의 흉부 CT를 보면 희끗희끗하고 반투명 유리 같은 모습이라고 보고되고 있습니다. 하지만 이 상태가 꼭 코로나19만의 특징이라고 단정 지을 수는 없습니다.

세균성 폐렴인지 바이러스성 폐렴인지는 혈액 상태나 CT사진에서 차이가 나지만 바이러스성 폐렴이라는 진단이 나오더라도 그것이 어느 바이러스에 의해 걸렸는지는 알 수가 없습니다.

일본에서는 해마다 바이러스성 폐렴으로 몇 천 명이 사망하지만 대부분 어떤 바이러스에 의한 폐렴인지 모릅니다. 사망 후에 폐를 자세히 검사하는 것이 아니니까요. 따라서 각 바이러스마다 어떤 특징이 있는지는 잘 모르는 것이 사실입니다. 어쩌면 기존에 있던 인간 코로나바이러스로 사망한 사람의 폐도 코로나19와 같은 특징을 보였을지도 모릅니다.

코로나19에 감염돼 폐렴에 걸리면 치료가 되더라도 후유증이 남는다는 얘기도 많습니다. 하지만 인플루엔자(독감) 바이러스로 폐렴에 걸려도 후유증으로 몇 달간 고생하는 경우가 있습니다. 바이러스성 폐렴은 일반적으로 후유증이 남는 경우가 많으므로 후유증이 코로나19만의 특징은 아닙니다.

다시 말하지만 언론에서 너무 '신종 바이러스', '미지의 바이러스'라고 대대적으로 보도하니까 코로나19 바이러스를 특별한 바이러스라고 착각하기 쉽지만 사실은 그렇게 특별하다고 생각하지 않는 것이 좋습니다. 지금까지 존재하던 바이러스의 아종이며 증상도 바이러스가 전파되는 메커니즘도 기존의 바이러스성 폐렴과 비슷한 면을 보입니다.

코로나19(SARS−CoV−2)는 SARS 코로나바이러스1형(SARS−CoV−1)과 같은 감염수용체(ACE2−세포 표면에서 바이러스 침입 역할을 함)를 가지고 있습니다. 강독성인 SARS−CoV−1(사스)과 같은 감염수용체(ACE2)를 가지고 있기 때문에 'SARS−CoV−2(코로나19)가 사스와 똑같은 정도로 위험하다'고 생각하는 사람도 있지만 사실 독성이 그리 강하지 않은 NL63(감기)도 똑같은 감염 수용체인 ACE2를 가지고 있습니다.

즉 ACE2가 있다고 독성이 강하고 폐렴에 걸리기 쉽다는 뜻이 아니라는 말입니다. 다만 800년 전에 감기(NL63)가 처음 생겨났을 때 독성이 어땠는지는 현재로서는 알 수 없습니다. 현재의 감기(NL63)는 비교적 독성이 약한 바이러스지만 과거에는 독성이 강했을 가능성도 부정할 수 없습니다.

현재 유행하고 있는 코로나19에 대해 특징을 정리하면 다음과 같습니다.

- 박쥐에서 유래했다.
- SARS코로나바이러스(사스)와 밀접한 관계다.
- 바이러스학 측면에서 보면 이미 충분히 알려진 바이러스이다.

코로나19 이전으로 돌아갈 수 없다는 얘기를 하지만 이 때문에 인류가 지금까지와는 전혀 다른 생활양식을 강요받을 이유는 없습니다. 인류는 이미 229E 코로나바이러스(감기)와는 최소 52년간이나 공존하고 있으니까요.

인류는 이미 예전부터 코로나와 함께 살아가고 있습니다. 13세기에 코로나바이러스인 NL63이 생겨났으니 800년 동안이나 이미 코로나와 공존하고 있는 셈입니다. 이제 와서 새삼스럽게 코로나와 함께 해야 한다는 얘기는 필요가 없습니다.

코로나를 종식시켜야 한다는 말도 오해의 소지가 있습니다. 코로나19가 지구상에서 사라진다고 해도 '코로나' 자체가 지구상에서 없어지는 것이 아닙니다.

코로나19 말고도 다른 인간 코로나바이러스가 존재하며 동물에서 새로운 코로나바이러스가 인간에게 전파될지도 모릅니다. 인간은 동물과 함께 살아가는 한 항상 '코로나와 함께'입니다.

바이러스의 재조합이란?

한 동물의 세포에 종류가 다른 두 가지 바이러스가 동시 감염되면 바이러스가 복제되는 과정에서 다른 동물의 바이러스가 섞여 재조합(recombination)이 일어날 수 있습니다.

예를 들어 고양이와 개가 한 집에 사는데 고양이가 고양이 코로나바이러스와 개 코로나바이러스에 동시 감염된 경우를 생각해 봅시다.

보통 고양이의 세포에서는 개 코로나바이러스가 증식하지는 않습니다. 그런데 어쩌다 고양이 코로나바이러스에 개 코로나바이러스의 일부가 섞여서 '고양이-개-고양이' 코로나바이러스가 생겨나는 경우가 있습니다. 일반적인 고양이 코로나바이러스라면 호흡기나 소화기에 증상이 나타나는 정도로 끝날 것이지만 재조합이 이루어져 '고양이-개-고양이' 코로나바이러스가 되면 고양이가 사망할 수도 있습니다.

코로나바이러스의 약 3만 개에 이르는 염기서열 중에 1만 개의 배열이 통째로 고양이에서 개로 교체되는 등의 대대적인 재조합이 일어난다고 생각해 보세요. 한 가닥에 연결된 약 3만 개의 염기서열 중에 1만개가 갑자기 대규모로 다른 염기서열로 재조합된다는 것은 엄청난 변화입니다.

이런 변화는 비슷한 배열의 두 바이러스가 세포 안에 함께 들어갔을 때 RNA가 복제되는 과정에서 잘못해서 서로 치환됨으로써 일어나는 것으로 생각됩니다. 만약 배열 패턴이 전혀 다른 바이러스에 동시에 감염된다면 이렇게 치환되지는 않을 것입니다.

코로나19 바이러스에는 SARS 코로나바이러스(1형)와는 스파이크단백질 돌기 부분이 다른 퓨린 절단부분(furin cleavage site)이라는 것이 있습니다. 이것은 원래 숙주인 관박쥐의 코로나바이러스에는 존재하지 않는 배열이기 때문에 '인간 코로나바이러스에만 존재한다는 건 생물무기일 가능성을 시사하는 것이다'고 주장하는 사람도 있습니다.

그런데 이 퓨린 절단부분은 관박쥐의 코로나바이러스에는 존재하지 않지만 다른 박쥐의 바이러스 중에는 이와 배열이 유사한 바이러스가 존재합니다. 따라서 관박쥐가 다른 박쥐의 바이러스에 감염된 후 관박쥐 세포 안에서 두 종류의 바이러스가 재조합을 일으켰다고 생각할 수도 있습니다. 생물무기의 가능성을 부정하는 것이 아니라 자연계에서 얼마든지 일어날 수 있는 현상이라는 말입니다.

재조합이 관박쥐의 몸 속에서 일어났는지 다른 동물의 몸 속에서 일어났는지는 모르지만 SARS 코로나바이러스를 가진 동물이 다른 동물로부터 SARS 코로나바이러스와 비슷한 바이러스에 동시 감염돼 재조합이 일어난 것 아닐까요? 그리고 재조합된 새로운 바이러스의 배열이 우연히도 인간의 세포와 궁합이 맞아 인간에게 퍼진 것이 현재 유행하고 있는 코로나19 바이러스라고 추측되고 있습니다.

코로나19의 변이

코로나19 바이러스는 영국형, 남아프리카형, 브라질형, 필리핀형 인도형 등의 변이 바이러스가 있는데 스파이크단백질 부분의

614번, 501번, 484번, 417번 째 등의 아미노산이 변화해서 감염력과 확산력이 더 강해진 것으로 보고 있습니다. 이것은 3만 개의 긴 배열 중에 극히 일부에 일어난 변화이며 큰 배열 변화가 일어나는 재조합과는 다릅니다.

코로나바이러스도 나름대로 살아남기 위해 아마 랜덤으로 여러 부분의 배열을 교체하려고 하고 있습니다. 어디를 바꾸면 감염력을 높일 수 있는지, 또 어디를 바꾸면 증식이 더 잘 되는지를 찾고 있는 것입니다. 그렇다고 실제로 그런 부분을 찾고 있다는 뜻이 아니라 랜덤하게 변이를 하다 보니 어느 한 부분이 변이됐을 때 인간에 대한 감염력이나 증식력이 더 높아졌고 그런 바이러스가 살아남았다고 하는 표현이 맞습니다. 그렇다면 그런 변화는 프랑스건 미국이건 일본이건 어디서건 일어날 수 있습니다. 즉 확률의 문제인 것이죠.

변이 바이러스의 확산을 막기 위해 '영국에서 입국하는 사람을 막아야 한다', '남아공에서 입국하는 사람을 막아야 한다'는 의견도 있지만, 특정 국가에서 입국자를 막더라도 변이 바이러스를 막을 수는 없습니다.

동물 바이러스 중에 전 세계적으로 동시 변이가 일어난 케이스가 존재합니다. 바로 단일 가닥 사슬 DNA형 바이러스인 파보바이러스(parvo virus －parvo는 작다는 뜻)입니다. 인간이 감염되면 볼이 빨갛게 변하는 감염성 홍반을 일으키고 고양이가 감염되면 2장에서 설명했듯이 범백혈구 감소증을 일으키는 바이러스입니다. 새끼 고양이에게는 치명적인 바이러스이며 야생동물에게도 감염되므로 가끔 동물원에서 고양이과 대형 동물들이 집단으로 사망하는 케이스가 보고되고 있습니다.

1978년에 신종 파보바이러스가 개에서 발견됐는데(개 파보바이러스 2형) 이것이 1981~1982년에 걸쳐 전 세계적으로 다른 형(2a형과 2b형)으로 변이가 일어났습니다. 강독성이었던 것이 약독성으로 변이된 파보바이러스가 전 세계적으로 퍼졌고 대신 강독성 파보 바이러스는 지구상에서 자취를 감췄습니다.

당시 파보바이러스를 연구하던 전문가들은 '개들이 비행기를 타고 해외로 가는 것도 아닌데 왜 변이 바이러스가 전 세계로 퍼졌는가'라고 의문을 품었습니다. 혹시 투여한 생백신에 섞여 들어간 것이 아닐까 하는 생각까지 했다고 합니다. 하지만 그것은 사실이 아니었습니다.

그 후 필자의 연구에 의해 랜덤으로 배열 변화가 일어난다는 것을 알았고 우연히도 전 세계적으로 바이러스에 유리한 변이가 동시에 일어났다는 것이 밝혀졌습니다. 그래서 마치 변이 바이러스가 단기간에 지구상에 퍼져나간 것처럼 보인 것이죠.

코로나19의 경우도 꼭 사람이 이동해서 변이 바이러스가 퍼졌다고 할 수는 없습니다. 이동이 없더라도 지구상의 각지에서 독립적으로 같은 변이 바이러스가 출현했을 수도 있는 것입니다. 우리나라에서 변이 바이러스가 퍼졌다고 그것이 꼭 영국이나 인도에서 입국한 사람의 바이러스가 퍼진 건 아닐 수도 있다는 겁니다. 이 점이 바로 바이러스 제어가 힘든 이유입니다.

인플루엔자 바이러스는 쉽게 변이한다

인플루엔자 바이러스는 코로나바이러스와는 형상이 완전히 다릅니다. 인플루엔자 바이러스는 단일 가닥 RNA 바이러스(마이너스 사슬)이지만 분절형태(세그먼트 타입)로 된 바이러스입니다.

RNA가 한 가닥으로 이어져 있는 것이 아니라 7~8가닥으로 나뉘어져 있고(분절) 그것이 다발 형태로 되어 있습니다. 인플루엔자 바이러스에 감염된 세포를 가로로 잘라 단면을 현미경으로 들

그림3-4 인플루엔자 바이러스의 구조

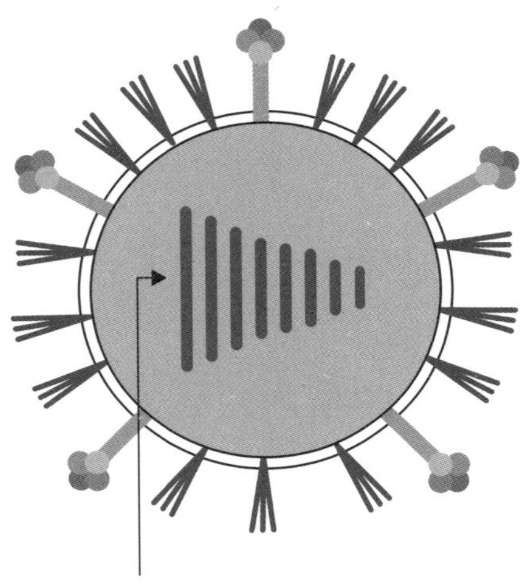

여다보면 바이러스가 한 방향으로 늘어선 형태로 모여 있는 모습을 볼 수 있습니다.

인플루엔자 바이러스가 8분절이라고 하지만 동물 인플루엔자 바이러스 중에는 7분절인 것도 있습니다. 둘 중에 어느 쪽이 원형인지는 알 수 없습니다.

인플루엔자 바이러스가 큰 변이를 일으키기 쉬운 것은 분절형이기 때문입니다. 인플루엔자 바이러스의 변이는 7가닥 혹은 8가닥 중의 한 가닥이 다른 바이러스의 RNA 한 가닥과 통째로 바뀌면서 일어납니다.

인플루엔자 바이러스는 돼지 인플루엔자도 있고 닭 인플루엔자도 있고 인간 인플루엔자도 있습니다. 예를 들어 돼지가 돼지 인플루엔자 바이러스와 닭 인플루엔자 바이러스에 동시에 감염됐을 때 돼지 인플루엔자 바이러스 한 가닥이 닭 인플루엔자 한 가닥과 바뀌는 일이 일어날 수 있습니다.

인플루엔자의 표면(엔벨로프)에는 헤마글루티닌(HA, Hemagglutinin) 단백질과 뉴라미니데이스(NA, neuraminidase)라는 두 종류의 바이러스에서 유래한 단백질이 박혀 있습니다. 현재 헤마글루티닌(HA)은 16종, 뉴라미니데이스(NA)는 9종이 알려져 있습니다. 조류독감 바이러스인 H1N5는 HA가 1형이고 NA가 5형이라는 뜻입니다. 인플루엔자 바이러스에는 8개의 RNA 사슬이 들어있는데, 돼지 인플루엔자 바이러스의 N과 닭 인플루엔자 바이러스의 N이 통째로 바뀐 새로운 돼지 인플루엔자 바이러스가 탄생할 수 있습니다.

8분절인 인플루엔자 바이러스 두 종류에 동시에 감염됐을 경우 세포 안에서는 16개의 RNA 분절의 복제가 이루어집니다. 그중 8개를 모으는 과정에서 한 개를 잘못 모아오는 일이 발생한 것입니다.

분절형 바이러스가 증식을 하는 것은 매우 신기한 일입니다. 헛갈리지 않고 8분절을 모두 모을 수 있는 것은, 8개 각각의 RNA 끝에 서로 인식할 수 있는 배열이 있고, 서로 헛갈리지 않게 인식하도록 조립이 가능한 구조가 있는 것 같습니다. 마치 칠교놀이처럼 잘못된 분절을 가져오면 조립이 잘 안 되는 구조가 아닐까 생각합니다.

왜 이런 구조인지, 한 가닥으로 이어져 있는 RNA 바이러스가 어떻게 해서 분절형 바이러스로 진화했는지는 아직 규명되지 않았지만 그 과정을 연구 중인 연구자도 있으므로 원인 규명이 기대됩니다.

재조합을 밥 먹듯 하는 레트로바이러스

5장에서 소개할 레트로바이러스는 코로나바이러스나 인플루엔자 바이러스와는 또 다른 구조로 되어 있어 재조합이 빈번하게 일어납니다.

레트로바이러스는 단일 가닥 RNA 바이러스이지만 바이러스 안에 같은 RNA 두 가닥이 다발로 묶여 있습니다. 이런 구조로 되

그림3-5 레트로바이러스의 일종인 에이즈바이러스(HIV바이러스)의 구조

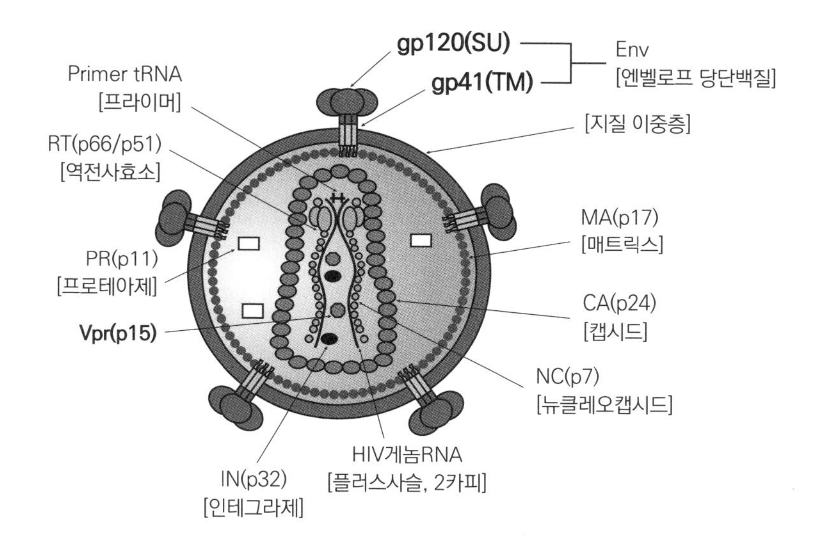

국립감염증연구소 홈페이지에 게재된 그림을 참고해 작성

어 있는 이유는 다양성을 추구하는 것이 목적이라고 생각되고 있습니다.

레트로바이러스 중 하나인 HIV는 같은 HIV라 하더라도 여러 계통으로 나뉘어져 있고, 계통 간에는 RNA 배열이 서로 다릅니다. 또 HIV는 혈청학적, 유전학적 성상에 따라 크게 HIV−1(HIV 1타입)과 HIV−2(HIV 2타입)로 나눌 수 있습니다. 전 세계적으로

유행한 에이즈의 원인인 HIV−1은 그룹M(Main 혹은 Major 주계통), 그룹N(New 신형, 혹은 non−M/non−N), O(Outlier, 분류외), 이렇게 세 그룹으로 나누어집니다. HIV−1 그룹M에 속하는 바이러스는 유전학적 계통관계로부터 다시 타입A1, A2, B, C, D, F1, F2, G, H, J, K 등 11종의 아류형(subtype−서브타입)과 또 다른 아류의 아류형(subsubtype 서브서브타입), 그리고 각 아류형 간의 순환성 재조합 형태(CRF, circulating recombinant form)로 분류됩니다.

너무 복잡하므로 아류형 A와 B로 단순화해서 설명하겠습니다. A계통의 HIV−1과 B계통의 HIV−1이 같은 세포에 감염됐다고 가정하면 둘의 유전정보(RNA)가 동시에 바이러스 입자에 들어갑니다. 확률적으로 보면 A와 B 계열 바이러스의 RNA가 1/2의 확률로 하나의 바이러스 입자에 들어갑니다.

그런데 새로운 세포에 감염될 때는 어떻게 될까요? RNA 복제는 끝에서부터 순서대로 복제가 이루어져야 하는데 A계통을 한 부분 복제한 다음 B계통으로 넘어가 복제하고 다시 A계통을 복제하고… 하는 식으로 빈번하게 왔다 갔다 하면서 복제를 하다 보니 그 과정에서 다양한 변이가 생기는 것입니다.

이런 재조합을 상동재조합(相同再組合 homologous recombination)이라고 합니다. 상동은 서로 다른 생물의 기관이 외관상의 차이는 있으나 발생기원과 기본구조가 동일한 것을 말합니다(새의 날개와 짐승의 앞발 따위). 이것은 아마도 재조합 과정에서 변이가 일어나기 쉽게 하려고 일부러 두 가닥의 RNA가 하나의 바이러스에 들어가 있는 게 아닌가 생각됩니다.

위에서 설명한 코로나바이러스, 인플루엔자바이러스, 레트로바이러스는 바이러스의 구조가 각기 다르기 때문에 변이 방법이나 변이 속도도 각각 다릅니다.

7~8가닥의 분절형 바이러스인 인플루엔자바이러스나 두 가닥의 RNA가 들어가 있는 레트로바이러스는 치환이 자주 일어나기 때문에 변이 속도가 빠르지만, 코로나바이러스는 한 가닥의 긴 RNA가 연결되어 있기 때문에 변이 속도가 비교적 느립니다. 코로나19의 영국 변이, 남아프리카 변이, 브라질 변이, 델타 변이 등은 큰 변이가 아니라 작은 변이입니다. 단 아주 드물게 두 종류의 코로나바이러스가 동시에 감염됐을 때 상당히 긴 길이의 배열이 통째로 바뀌는 큰 재조합이 일어나기도 합니다.

제4장
바이러스와 백신

생백신과 사백신(불활성 백신)

바이러스나 세균이 일으키는 감염증에 대항하기 위해 인류는 백신이라는 수단을 손에 넣었습니다. 병원체가 만들어낸 항원을 일부러 몸 속에 넣어 항체 등의 면역을 유도하는 이 예방법은 백신이 탄생했을 당시(1796년 제너의 종두법 확립)에는 상당히 획기적인 방법이었을 겁니다. 이번에는 백신에 대해 얘기하고자 합니다.

백신은 크게 두 종류로 나뉩니다. 생백신(live vaccine)과 사백신(killed vaccine)입니다.

생백신은 바이러스의 독성을 낮춘 약독형의 살아있는 바이러스를 몸 속에 넣어 면역을 형성하는 방법입니다. 사백신은 바이러스를 포르말린 같은 것으로 죽인 후 그 죽은 백신을 몸 속에 넣어 면역을 형성하는 방법입니다.

두 방법의 특징으로는 다음과 같은 것이 있습니다.

생백신	약독성의 살아있는 바이러스	항체(*액성 면역)와 세포성 면역을 함께 유도한다. 1회 접종으로 충분함.
사백신	죽은 바이러스 전체 혹은 일부	주로 항체(액성 면역)를 유도하고 세포성 면역 유도능력은 약하다. 기본적으로 2회 접종.

*액성 면역 - 후천적으로 만들어진 항체에 의해 매개되는 면역반응.

세포성 면역이란 감염세포를 파괴하는 세포독성T림프구(CTL: cytotoxic T lymphocyte)로 체내에 침입한 바이러스를 세포 통째로 공격하는 것입니다.

한편 항체는 바이러스(항원)에 붙어서 세포에 침입하지 못하도록 막거나 혈액 속의 보체(補體, complement-단백질의 일종)라는 물질로 바이러스의 막을 녹여버리는 단백질입니다. 항체는 면역 글로불린(Immunoglobulin)에서 따온 I와 g로 명명한 IgG, IgM, IgA, IgD, IgE 5가지 종류가 있습니다.

항체에는 좋은 항체와 나쁜 항체가 있습니다. 나쁜 항체가 생기면 오히려 감염을 촉진하는 역효과가 부릅니다.

이물질에 항체가 달라붙으면 단구(單球-혈액 속에 있는 백혈구)나 대식세포(macrophage) 같은 면역세포에게 잡아먹히게 되는데 이것이 오히려 역효과를 낼 때가 있다는 뜻입니다. 단구나 대식세포의 표면에는 Fc수용체(Fragment crystalizable Receptor)가 있어 항체가 달라붙게 됩니다. 이런 세포에 바이러스가 잡아먹혀 분해되면 다행이지만 가끔 이런 세포 덕에 바이러스가 오히려 늘어나 버리는 일이 발생합니다. 항체가 바이러스를 끌어와서 단구나 대식세포에게 감염시켜 버리는 것입니다. 이것을 항체의존면역증강(ADE: antibody-dependent enhancement)이라고 부릅니다. 좋은 항체는 세포가 감염되는 것을 저지할 수 있지만 나쁜 항체는 감염을 더 조장하는 것이죠. 그렇게 세포에서 증식된 바이러스는 밖으로 나가 다른 세포들을 감염시켜 버립니다.

코로나바이러스는 이런 항체의존면역증강(ADE)이 일어나기 쉽습니다. 고양이 코로나바이러스의 백신을 만들지 않은 것은 바로 이런 이유 때문입니다.

아데노바이러스를 재조합한 백신

코로나바이러스에 효과가 있는 것은 CTL(세포독성T림프구)에 의한 세포성 면역입니다. 세포성 면역력을 높이려면 약독성 생백신이 좋은데 생백신도 리스크가 있기는 합니다. 약독성으로 만들었어도 갑자기 강독성으로 돌아가 버리는 '복귀변이'란 것이 있으니까요. 언제 복귀변이가 일어나 강독성으로 바뀔지 모르기 때문에 현실적으로 인간 백신으로는 쓰기 어렵습니다.

또 독성을 충분히 낮췄다고는 하나 살아있는 코로나바이러스를 주사한다는 사실에 거부반응을 보이는 사람도 있을 테니 현시점에서 생백신은 심정적으로도 쉽지 않은 방법일 것입니다.

이렇게 고전적인 생백신과 사백신이 모두 문제가 있어서 대체 안으로 떠오른 것이 유전자 재조합 백신입니다.

영국의 아스트라제네카사와 옥스퍼드대학이 공동으로 개발한 것이 아데노바이러스를 재조합한 백신입니다. 아데노바이러스는 감기증상 등을 일으키는 이중 사슬 DNA 바이러스인데 이 아데노바이러스의 일부 배열에 코로나19 바이러스의 스파이크단백질을 합성하는 배열로 바꾼 것입니다.

이 백신을 접종하면 코로나19 바이러스의 스파이크단백질에 대한 면역을 유도하여 증상이 나타나지 않게 해 준다는 메커니즘 입니다. 항체도 생성되고 세포성 면역도 강력하게 유도하므로 효과가 기대됩니다.

러시아에서도 아데노바이러스를 이용한 백신이 개발되고 있는데, 러시아 백신은 인간 아데노바이러스를 사용했고 영국 백신은 침팬지 아데노바이러스를 사용한 점이 다릅니다. 왜 침팬지의 아데노바이러스를 사용했는가 하면 인간은 이미 아데노바이러스에 감염된 사람이 많이 있어서 그런 사람들은 이미 면역을 보유하고 있으며 백신이 몸 속에서 금세 중화되므로(감염성이 없어져) 코로나의 스파이크단백질을 발현시킬 수 없기 때문입니다. 얀센과 영국의 아스트라제네카 백신은 더 많은 사람들에게 효과를 보이기 위해 사람에게 감염된 적이 없는 침팬지의 아데노바이러스를 사용하는 것입니다.

아데노바이러스를 이용한 백신은 2회만 접종하면 이미 아데노바이러스에 대한 강한 면역이 형성되기 때문에 그 다음에 세 번, 네 번 접종하더라도 백신의 바이러스가 중화되어 코로나바이러스의 스파이크단백질을 만들어내지 못합니다. 즉 단기간에 여러 번 접종이 불가능하다는 것이 약점입니다. 예를 들어 봄에 백신을 접종했다면 변이 바이러스가 출현하더라도 겨울에 다시 개량형 백신을 접종해도 효과가 없다는 뜻입니다.

핵산 백신

또 다른 백신 유형으로 핵산백신이 있습니다. 핵산백신에는 DNA백신과 mRNA백신이 있습니다.

DNA백신은 1990년대에 개발됐지만 여러 가지로 문제가 지적돼 왔습니다. 우선 빈도가 매우 낮기는 하지만 DNA를 이용하는 것이라 세포의 DNA에 백신의 DNA가 삽입될 우려가 있습니다.

예를 들어 DNA백신에 스파이크단백질의 발현을 촉진시키기 위한 '발현 프로모터 배열(mRNA의 전사를 제어하는 배열)'을 넣었을 때 발현 프로모터 배열이 우리 몸 속의 DNA에 있는 암 유전자 상류영역(앞 쪽)에 끼어들게 되면 세포 내에 암유전자 산물이 많이 만들어져서 세포가 암에 걸릴 위험이 생기는 것입니다.

또 몸 속에 DNA를 집어넣으면 항DNA 항체가 생겨날 가능성이 있어 사람에 따라서는 류머티즘 같은 자가 면역성질환을 유도할 수도 있습니다.

이렇게 여러 리스크가 있어서 웬만큼 필요하지 않으면 DNA 백신은 쓰지 말자는 것이 주류 의견입니다.

수의학의 세계에서도 예전에 DNA 백신이 개발된 적이 있습니다. 저도 그 개발 작업에 참여 했었습니다. DNA 백신을 만드는 것은 기술적으로는 매우 간단해서 몇 주 정도면 만들 수 있지만 문제는 안전성을 담보할 수 없다는 것입니다.

그래서 DNA백신의 결점을 보완한 것이 mRNA(메신저RNA) 백신입니다. 화이자나 모더나는 이 방식으로 개발된 신기술입니다. 지질 막 안에 mRNA를 가둬서 그것을 세포 안에 집어넣으면 병원체에 의해 생겨날 단백질이 대량으로 세포 안에 생기게 된다는 원리입니다.

그런데 원래 RNA는 그렇게 증식하지는 않죠. DNA는 증폭 배열을 이용해 계속해서 전사가 이루어지고 세포 내에서 mRNA가 합성되지만 RNA는 그렇게 되지 않습니다.

그래서 이걸 어떻게 해야 할까 모두가 고민하던 차에 어떤 선구적인 사람이 나타나 RNA에 의해 자연면역이 유도되지 않도록 하는 방법을 개발해 낸 것입니다. 이 방법으로 조작한 RNA는 세포의 자연면역시스템이 인식하지 못한 상태에서 리보솜으로 운반되고 계속해서 스파이크단백질을 만들어냅니다. 그렇게 만들어진 단백질이 세포 표면에 나오면서 면역을 유도하는 방식입니다.

이것은 매우 획기적인 기술입니다. 하지만 너무 첨단 기술이라 앞으로 어떤 일이 일어날지 모른다는 것이 맹점입니다. 현시점에서는 아직 문제가 발생하지는 않았지만 솔직히 장기적으로는 어떤 일이 일어날지 아무도 모른다는 것이 현실입니다.

백신으로 막지 못하는 케이스

백신에서 중요한 것은 어느 단계에서 막느냐 하는 것입니다.

간단히 말하면 사람의 몸은 '안'과 '밖'으로 나눌 수 있습니다. 위와 장은 인체의 내부에 있다고 생각하기 쉽지만 인체 입장에서는 외부에 있는 장기입니다. 입에서 항문까지를 하나의 관(튜브)으로 생각하면 이해가 쉬울 것 같습니다. 입안에 이물질이 들어가 식도, 위, 장을 통과해 항문으로 나간다고 할 때, 밖에서 들어

온 이물질과 접해 있는 곳은 관의 내부입니다. 그런 의미에서 위와 장은 외부와 접하는 몸의 '외부'인 것입니다. 마찬가지로 코에서 폐까지를 공기가 통과하는 관으로 생각하면 인체의 '외부'가 되는 것이죠.

이런 몸의 외부에는 바이러스가 달라붙을 수 있습니다. 바이러스가 침입하는 몸의 입구는 대게 점막으로 이루어져 있습니다.

간이나 신장은 몸의 내부에 해당하므로 바이러스가 직접 침입할 수 없습니다. 예를 들어 간염 바이러스가 직접 간에 침입하는 것이 아니라 우선 침입하는 입구의 세포가 감염되고 거기서 다시 혈액 세포 등에 감염이 이루어진 다음 감염된 세포가 혈액을 타고 간까지 갔을 때 비로소 간이 간염 바이러스에 감염되는 것입니다.

여기서 중요한 것은 백신이 바이러스의 침입 경로 중 어디를 막느냐에 따라 역할이 달라진다는 것입니다.

호흡기감염증은 폐 세포가 바이러스에 감염되어 일어나는 질환인데, 바이러스가 꼭 혈액을 통해 침입하는 것이 아니라 폐 세포를 통해 옆으로 퍼져 감염되면서 폐렴을 일으키는 경우가 있습니다.

즉 혈액 속에 항체를 만들어 기다리는 것이 감염을 막는 데 별

소용이 없다는 소리입니다. 침입하는 입구에서 바이러스를 막으려면 점막에 백신을 바르는 등의 방법으로 점막세포에 작용하는 항체 IgA를 유도해야 합니다. 감염을 차단하는 항체는 주로 IgA입니다.

현재 실용화된 코로나19 바이러스 백신은 감염을 막는 것이 아니라 증상 발현을 막자는 콘셉트로 개발되었습니다. 물론 증상이 발현하는 것을 막을 수 있으면 체내에서 방출되는 바이러스도 적어질 것이고 모든 사람이 백신을 접종하면 결과적으로 감염이 확대되는 것을 막을 수 있을 것입니다.

현재 접종되고 있는 코로나19 바이러스 백신은 임상실험 단계에서는 상당히 높은 효과를 보이고 있습니다. 감염을 예방하는 효과도 있습니다. IgG가 점막에 일정량 존재하게 된다는 논문도 있습니다. 그런데 감염을 예방하는 IgA를 유도하지도 않는데 왜 이렇게 높은 효과가 있는지는 아직 규명이 안 되었습니다.

여름에 폐렴에 걸리는 메커니즘과 겨울에 폐렴에 걸리는 메커니즘이 다를 가능성도 있습니다. 이번 코로나19 바이러스 백신은 여름에 임상실험이 이루어진 것이 많아서 여름에 걸리는 폐렴에 높은 효과가 나타나는 것인지도 모릅니다. 이런 것들은 앞으로 연구가 필요합니다. 겨울에는 대기가 건조해서 비말의 입자가 작아지기 때문에 바이러스가 대량으로 폐까지 직접 도달할 가능성도 있습니다.

백신의 장기적 리스크

그리고 또 알 수 없는 것이 있는데, 기존의 감기 코로나바이러스에 대한 이번 백신의 영향입니다. A라는 바이러스에는 좋은 항체인데 A와 유전적으로 매우 비슷한 B라는 바이러스에는 나쁜 항체가 되는 경우도 있습니다. 이런 케이스의 가장 유명한 예가 뎅기열 바이러스입니다. 뎅기열 바이러스는 1~4형(혈청형)이 있는데 1형에 좋은 항체는 나머지 2~4형에는 나쁜 항체로 작용합니다. 1형에 감염됐다가 2~4형에 다시 감염됐을 때는 중증으로 이환해 사망할 확률이 매우 높아집니다.

기존의 인간 감기 코로나바이러스 중에서 이번 코로나19 바이러스와 유전적으로 가까운 것이 2가지 있는데 둘 다 베타 코로나바이러스속(屬)에 속합니다. 그리고 유전적으로 조금 먼 관계인 인간 감기 코로나바이러스(알파 코로나바이러스속)도 2가지가 있습니다. 또 별로 알려지지는 않았지만 코로나19와 유전적으로 매우 가까운(베타 코로나바이러스속)것 중에 설사를 일으키는 코로나바이러스도 있습니다.

여기에 지금은 잠잠한 상태인 메르스 코로나바이러스까지 더하면 코로나19와 유전적으로 가까운 인간 코로나바이러스(베타 코로나바이러스)는 4가지가 있는 셈입니다. 또 보고된 적이 없을 뿐 인간에게 감염돼도 평소에는 아무런 증상이 없는 다양한 코로나바이러스가 이미 존재하고 있을 가능성도 있습니다.

위에서 설명했다시피 코로나19 바이러스에는 좋은 항체이지만 기존의 인간 코로나바이러스(특히 베타 코로나바이러스)에는 나쁜 항체가 될 가능성이 있을지 없을지를 아직 모르는 상태입니다. 만일 그런 가능성이 있다면 코로나19 백신을 맞고 코로나19에 대한 항체는 생겼지만 기존의 감기 코로나바이러스에 감염됐을 때는 중증으로 발전할 위험이 있을지도 모른다는 뜻입니다.

이번 시즌(2020년~2021년 겨울)은 기존의 코로나바이러스 유행이 전혀 없는 상태라서 백신의 부정적 영향에 대한 검증은 이루어지지 않았습니다. 실험실에서 검증도 가능하지만 아직 관련 논문은 발표되지 않았습니다.

그렇다면 변이 바이러스에 대한 영향은 어떨까요. 코로나19 바이러스는 서서히 변화하고 있고 다양한 변이 바이러스가 나오고 있습니다. 백신을 맞고 코로나19에 대한 좋은 항체가 생기더라도 그 항체가 특정 변이에 대해서는 나쁜 항체가 될 가능성은 부정할 수 없습니다. 단순히 백신이 효과가 없는 정도라면 큰 문제가 없겠지만, 백신을 맞았기 때문에 변이 바이러스에 감염됐을 때 중증으로 이환된다면 그것은 큰 문제입니다. 그럴 가능성을 완전히 배제할 수는 없는 것입니다. 물론 이것도 실험실에서 검증을 할 수는 있겠지만 그러려면 그만한 시간이 필요합니다. 이 책이 출판됐을 무렵에는 혹시 어떤 결과가 나와 있을까요.

이렇게 백신을 맞음으로 인해 중증으로 이환하는 것을 '감염증강작용'이라고 합니다. 만약에 감염증강작용이 실제로 증명되어 논문이 발표된다면 백신을 접종해준 의료종사자에 대해 코로나19 감염자가 어떤 태도를 취할까요. 큰 사회문제가 될 가능성이 있지 않을까요.

물론 백신에 의한 면역은 항체만이 아니라 세포성 면역도 유도되니 나쁜 항체가 생기더라도 세포성 면역이 강력하게 유도되면 증상이 나타나는 것을 막을 수 있을지도 모릅니다.

어쨌든 코로나19 바이러스 백신은 현 단계에서는 아직 알 수 없는 부분이 많습니다. 물론 백신의 효과를 기대하지만 앞으로 추이를 지켜봐야 할 필요가 있습니다.

제5장

생물의 유전자를 바꿔 버리는 '레트로바이러스'

'레트로바이러스'란 무엇인가

지금까지 감염을 일으키는 바이러스에 관해 살펴봤습니다. 말씀드린 대로 모든 바이러스가 질병을 일으키는 것은 아닙니다. 사실 바이러스 중에는 생물의 진화에 큰 공헌을 하는 바이러스도 있는데 바로 앞에서도 몇 번 언급한 레트로바이러스(Retrovirus)입니다.

레트로라는 단어에서 '옛날, 복고'이라는 말을 연상하실 지도 모르지만, 여기서 레트로바이러스의 레트로(retro)는 라틴어로 '반대의'라는 뜻입니다.

앞서도 설명했듯이 생물의 세포 안에서는

DNA→RNA→단백질

순서로 단백질이 만들어집니다. 인체의 설계도인 DNA를 복사(전사)해서 RNA라는 작업지시서를 만들고 이 작업지시서를 바탕으로 단백질을 만드는 것이죠. 이것이 대원칙이고 이외 다른 흐름은 있을 수 없기 때문에 센트럴 도그마(중심적 원리)라고 부릅니다.

그런데 이 대원칙을 깬 것이 레트로바이러스입니다.

RNA→DNA라는 반대의 흐름이 있다는 것이 밝혀진 것입니다.

레트로바이러스의 유전정보는 단일 가닥 RNA 형태이고 바이러스의 외측에는 세포막에서 유래된 엔벨로프가 있습니다.

레트로바이러스가 세포 속에 감염될 때는 엔벨로프를 세포막과 융합시켜 세포막과 바이러스 막의 경계를 허물어 버린 다음 세포 안으로 들어갑니다. 경계를 허물어 버린다는 것은 세포막과 바이러스막을 일체화한다는 것입니다. 그리고 자신의 RNA를 DNA로 변환(역전사)하여 이중 가닥 DNA를 만듭니다. 다음 이렇게 만들어진 바이러스 유래 DNA를 세포의 핵 안에 가지고 들어가 세포의 게놈 DNA에 파고들어 숙주의 DNA에 바이러스 자신의 DNA를 덧붙여 버리는 것입니다.

그 후 숙주의 DNA 설계도 중에서 자신이 덧붙인 부분만 카피해서 레트로바이러스의 단백질 설계도를 작성합니다. 그 설계도를 단백질 공장인 리보솜으로 가져가면 그 설계도대로 단백질이 만들어집니다. 그렇게 만들어진 단백질로 껍질을 만들고 그 안에 복제한 RNA가 들어가면 바이러스의 복제가 완성됩니다.(그림 5-1 참조)

이렇게 해서 바이러스를 계속 복제한 다음에 세포 속에서 빠져나갈 때는 숙주의 세포막을 뒤집어쓴 채 위장해서 나가는 거죠.

일반적인 RNA 바이러스는 세포 안에 들어가면 RNA의 작업지시서를 직접 세포 내 공장으로 가져가 거기서 증식을 하지 세포

그림5-1 레트로바이러스의 복제 과정

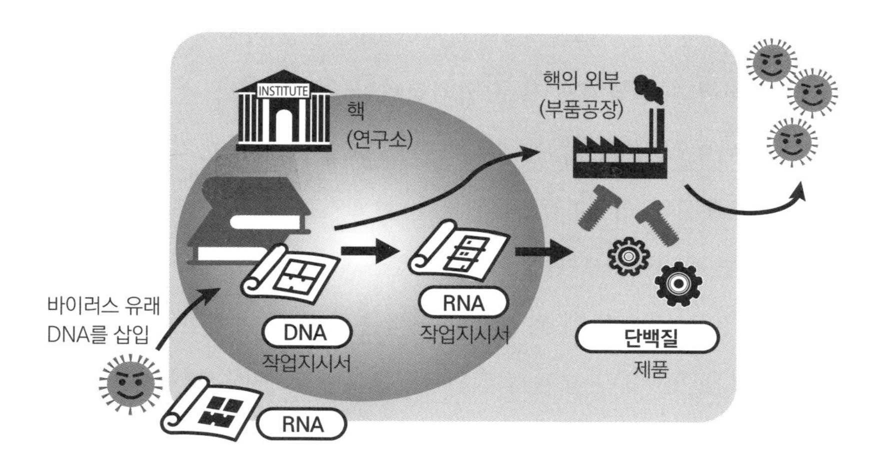

의 핵 속으로 바로 들어가 DNA를 증식하지는 않습니다.

그런데 레트로바이러스는 일단 핵 속에 들어가면 설계도 자체를 바꿔 버립니다. 이 점이 다른 바이러스와 큰 차이점이자 특징입니다. 레트로바이러스는 이렇게 역전사를 하기 때문에 바이러스 안에 역전사 효소(RNA를 DNA로 변환하기 위한 촉매 효소)의 배열을 가지고 있습니다.

레트로바이러스에 감염된 세포는 설계도의 정보가 바뀌어 버리므로 이상 현상이 나타날 수도 있고 바이러스가 세포를 죽여 버리는 일도 일어날 수 있습니다.

세포증식에 관한 설계도가 바뀌면 암이 생길 수 있습니다. 바이러스가 면역담당 세포를 잡아먹거나 정상적인 작용을 하지 못하게 해 버리면 면역억제 혹은 면역결핍이 일어납니다.

레트로바이러스가 사람에게 관계하는 것 중 대표적인 것으로는 1980년에 발견된 성인T세포백혈병을 일으키는 '인간T세포 백혈병-림프종 바이러스(HTLV, human T-cell leukemia-lymphoma virus)'가 있고, 1983년에 발견된 에이즈를 일으키는 인간 면역결핍 바이러스1형(HIV-1)이 있습니다. 그러나 꼭 이런 나쁜 작용만 하는 것은 아니라는 것을 다음에 설명하겠습니다.

레트로바이러스의 종류 - 고대 바이러스, 슬로우 바이러스…

동물과 관련된 레트로바이러스로는, 1904년에 생쥐에서 백혈병을 일으키는 인자가 발견됐는데 이때는 아직 바이러스의 개념조차 존재하지 않던 시절이었고 나중에 이것이 레트로바이러스라는 것이 밝혀졌습니다. 또 1964년에는 고양이에게 백혈병을 일으키는 고양이 백혈병 바이러스가 발견됐는데 이것도 레트로바이러스입니다.

인간에게 질병을 일으키는 HTLV(인간T세포 백혈병/림프종 바이러스)나 HIV(인체면역결핍 바이러스)가 발견된 것은 1980년대이지만 그보다 훨씬 이전부터 수의학에서는 레트로바이러스 연구가 이루어지고 있었습니다.

특히 HIV는 렌티바이러스속(Lentivirus)에 속하는 바이러스인데 HIV가 발견되기 전까지는 렌티바이러스속 자체를 의학 연구자들은 거들떠보지도 않는 분야였습니다. 그러다 인간 HIV가 발견되고 난 후 갑자기 렌티바이러스가 메이저 바이러스로 급부상한 것이죠. 의학 연구자들은 초기 HIV 연구에 동물의 렌티바이러스 연구를 많이 참고합니다.

레트로바이러스는 2개의 아과(亞科)로 나뉘고 그 안에 여러 가지 속으로 나뉩니다.

1. 스푸마 바이러스아과(Spumavirinae)

- 원숭이 스푸마 바이러스속
- 고양이 스푸마 바이러스속
- 소 스푸마 바이러스속
- 말 스푸마 바이러스속

2. 오르토 레트로 바이러스(Orthoretrovirinae)아과

- 알파 레트로바이러스속

- 베타 레트로바이러스속
- 감마 레트로바이러스속
- 델타 레트로바이러스속
- 입실론 레트로바이러스속
- 렌티 바이러스속

이렇게 전부 10개의 속(屬)으로 나뉩니다.

스푸마 바이러스는 상당히 오래된 타입의 레트로바이러스로 몇억 년 전에도 존재했다고 하니 말 그대로 고대 바이러스인 셈입니다.

오르토 레트로바이러스 중에서도 알파 레트로바이러스는 오래전에 닭에게 감염된다고 알려져 있었습니다. 원숭이에게 면역억제나 혈소판 감소증을 일으키는 것은 베타 레트로바이러스이고, 쥐 백혈병에서 발견된 것이 감마 레트로바이러스, 소 백혈병이나 인간T세포백혈병으로 발견된 것이 델타 레트로바이러스, 입실론 레트로바이러스는 물고기에서 볼 수 있는 레트로바이러스입니다.

렌티(Lentivirus) 바이러스는 인간 면역결핍, 원숭이 면역결핍, 고양이 면역결핍 등 에이즈와 관련이 있는 바이러스입니다. 역사적으로는 말에게 빈혈을 일으키는 말 전염성 빈혈바이러스, 양에게 폐렴과 뇌염을 일으키는 비스나 바이러스(Visna virus), 매디 바이러스(Maedi virus), 염소의 관절염 뇌척수염 바이러스 등이 오래 전부터 알려져 있습니다. '렌티'는 '늦은, 느린'이라는 의미로 감염된 후 증상이 발현하기까지 시간이 오래 걸린다는 의미에서 붙여진 이름입니다.

레트로바이러스는 DNA 정보를 바꿔버리는 것이 큰 특징인데 레트로바이러스 외에도 DNA를 바꾸는 바이러스가 있습니다. 하지만 그 대상이 동물이 아니라 곤충이라서 레트로바이러스라는 이름을 쓰지는 않습니다.

레트로바이러스는 이름이 붙여진 경위가 동물, 특히 포유류와 조류에게 질병을 일으키는 바이러스 연구에서 시작됐기 때문에 동물이 아니면 레트로바이러스라는 이름을 쓰지 않습니다. 위에서 말한 곤충의 바이러스는 에란티바이러스(Errantivirus)속이라 부르고 있습니다.

약간 특징적인 바이러스인 B형간염바이러스도 RNA에서 DNA를 만드는 역전사효소를 가지고 있지만 DNA를 만들기만 할뿐 숙주의 DNA에 이를 추가해 자신의 DNA를 바꾸지는 않습니다. 따라서 레트로바이러스의 먼 친척 정도라 할 수 있겠습니다.

인간의 모든 세포에는 레트로바이러스 유전자에서 온 배열이 포함돼 있다

레트로바이러스는 대부분 혈액세포나 점막세포에 감염을 일으켜서 DNA 정보를 바꾸어 버립니다.

하지만 DNA 정보를 바꿔도 그 사람(혹은 동물)이 병으로 죽어 버리면 숙주와 함께 레트로바이러스도 사라져 버립니다. 예를 들어 림프구에 레트로바이러스가 감염을 일으켜 자신의 DNA 정보를 끼워 넣었다고 해도 림프구가 죽어버리면 끼워 넣은 레트로바이러스의 유전 정보도 사라져 버립니다.

그런데 아주 드물게 생식세포(난세포나 정자세포 혹은 그것의 근원세포)가 레트로바이러스에 감염되는 경우가 있습니다.

인간을 포함한 모든 동물은 수정란이라는 한 개의 세포에서 시작해 세포분열을 거듭해서 성인(성체)이 되므로 생식세포의 DNA 배열에 레트로바이러스의 DNA 배열이 추가되면 결국 모든 세포에 레트로바이러스에서 온 DNA 배열이 들어가게 됩니다.

레트로바이러스에 감염된 생식세포에서 태어난 개체는 모근세포, 눈 세포, 피부 세포 등, 즉 모든 세포에 바이러스를 추가

한 유전자 배열이 존재하게 됩니다. 이것을 '내재성 레트로바이러스(endogenous retrovirus: ERV)'라고 하고 이 중에서도 인간의 내재성 바이러스는 HERV(human endogenous retrovirus)라고 합니다.

그리고 생식세포가 아니라 일반 세포를 감염시켜 개체 간을 옮겨 다니는 일반적인 레트로바이러스는 내재성 레트로바이러스와 구별하기 위해 '외래성 레트로바이러스(exogenous retrovirus)라고 부르기도 합니다.

내재성 바이러스는 숙주의 DNA에 새겨져 일체화된 것이므로 부모에서 자식으로 대대손손 이어지게 됩니다.

실제로 우리 몸의 모든 세포에도 몇 천만 년 전의 조상이 감염됐던 레트로바이러스가 들어있습니다. 우리 몸의 모든 세포에 바이러스에서 온 유전자 정보가 들어있다니 믿기 힘들지도 모르지만, 인간의 유전자 배열에는 레트로바이러스에서 온 배열이 많이 들어있습니다.

어쩌면 인간의 몸은 고대에 이미 레트로바이러스에게 점령당한 것인지도 모릅니다.

포유류가 적극적으로 레트로바이러스의 유전자 정보를 취한 시기가 있다

생식세포는 종의 번영에 있어 매우 중요한 것이라 매우 강력히 보호받고 있어서 레트로바이러스가 현재의 인간 생식세포의 유전자 정보를 바꾸는 일은 일어나지 않습니다. 예를 들어 인간의 림프구가 HIV(인체면역결핍바이러스)에 감염되더라도 생식세포가 아닌 이상 자손에게 에이즈가 유전되지는 않습니다. 현시점에서 HIV가 생식세포에 감염을 일으킨 명확한 사례는 보고된 바 없습니다.

아마도 인간의 생식세포는 레트로바이러스로부터 강력히 보호되고 있는 것이리라 생각됩니다. 현재의 인류는 약 20만 년 전에 지구상에 출현했는데, 20만 년 동안 완전히 새로운 레트로바이러스가 침입한 적은 없다는 것이 정설입니다.

하지만 인간의 진화 과정에서 공룡이 멸종된 직후 즈음(6550만 년 전)에는 포유류의 생식세포가 그다지 강력한 보호를 받지는 않았을 가능성이 있습니다. 보호는커녕 오히려 적극적으로 레트로바이러스의 유전자를 받아들인 것이 아닌가 생각되기도 합니다. 포유류가 변화된 지구 환경에 적응하는 방향으로 진화하려면 생식세포의 유전자 정보를 바꿔야 했는지도 모릅니다.

보통은 생식세포가 레트로바이러스에 감염되더라도 거기서 생긴 수정란에서 인간이 태어나지는 않을 것입니다. 아마 레트로바이러스가 부정적 영향을 끼치기 때문이라 생각됩니다.

그런데 아주 드물게 인간이 태어나는 일이 일어났었나 봅니다. 아주 드문 현상이라도 몇 천만 년 거듭되면서 게놈에 레트로바이러스의 유전 정보가 계속 들어가게 되고 그것이 모여 인간 게놈의 9%를 차지하게 되었습니다. 포유류는 이 레트로바이러스에서 온 배열로 인해 공룡이 멸종된 이후에는 급속도로 다양화 되었다고 생각됩니다. 현재는 지구의 환경이 크게 변하지 않기 때문에 포유류의 진화를 촉진할 이유도 없으니 포유류는 생식세포를 확실하게 지키며 유전자 정보가 지나치게 변하는 것을 막고 있는 것 같습니다.

다만 다시 지구 환경이 급변한다면 포유류는 변화된 환경에 맞춰 진화를 할 필요가 있고 그때 스위치가 켜져 유전자 정보를 바꾸는 기능이 활발해질 가능성도 있습니다.

앞서 '포유류의 생식세포는 매우 강력히 보호받고 있다'고 했지만 완전한 태반을 가지고 있지 않은 코알라나 캥거루, 주머니쥐(opossum) 등의 유대류는 예외입니다. 유대류(Marsupialia－포유류의 한 갈래)는 태반이 있기는 있지만 미숙한 태반입니다. 제대로 된 태반을 가진 포유류는 진수류(유태반류)라고 불립니다. 또 포유류 중에 알을 낳는 난생인 것도 있는데 개미핥기 같은 동물이 이에 속하며 단공류(單孔類-원시적인 포유류들)라고 부릅니다. 단공류는 포유류의 진화형 치고는 이질적이며 고대의 포유류 상태에 머물고 있다고 할 수 있습니다.

유대류의 유전자 정보를 조사하는 프로젝트에서 남미에 서식하는 주머니쥐의 게놈을 조사하니 내재성 레트로바이러스의 비율이 10%나 된다는 것을 알 수 있었습니다. 나중에 다시 소개하겠지만 인간의 DNA 중에 있는 내재성 레트로바이러스의 비율이 9%이므로 레트로바이러스는 유대류에 더 쉽게 들어가는 것인지도 모릅니다.

코알라는 코알라 레트로바이러스가 생식세포에 들어가는 것이 확인됐으며 현재 호주에서 멸종 위기에 처해 있습니다.

어쩌면 주머니쥐나 코알라 같은 유대류는 지금도 생식세포에 레트로바이러스가 들어가는 것을 적극적으로 허락하고 있는지도 모르겠습니다. 포유류 중에서 유대류는 레트로바이러스에 의해 생식세포의 유전자 정보를 바꾸며 진화를 시도하고 있을 가능성이 있습니다.

레트로바이러스는 진화의 요인인 '스플라이싱'에 관여한다?

박테리아처럼 핵이 없는 원핵생물[20]과 핵이 있는 진핵생물[21]의 큰 차이는 '스플라이싱(Splicing)'을 하느냐 하지 않느냐 입니다.

예를 들어 원핵생물인 대장균은 핵이 없기 때문에 DNA가 세포 내에 노출돼 있는데 이 DNA를 전사해 mRNA(메신저 리보핵산)를 만듭니다. mRNA는 연속된 하나의 배열로 되어 있어 이것을 번역하여 단백질을 생성합니다.

한편 핵이 있는 진핵생물은 핵 안에 있는 DNA에서 RNA를 전사하여 일단 mRNA의 전구체를 만듭니다. 그 다음 이 전구체의 일부를 제거하고 필요한 부분만 골라 잘라 붙이기를 해서 번역(단백질 합성)에 사용하는 mRNA를 만드는데, 이 과정을 스플라이싱이라고 합니다.

mRNA 전구체의 잘라 붙이기 방법을 바꾸면 복수의 mRNA가 생기고 여러 종류의 단백질을 만들 수 있습니다. 결과적으로 진

20 원핵생물(原核生物 prokaryote): 원핵이라고 불리는 원시적인 세포핵을 가지는 생물로 진핵생물(眞核生物:eukaryote)에 대응되는 말이다. 대부분 단세포로 되어 있으며, 원핵균류와 남조식물 등이 이에 해당된다.

21 진핵생물(眞核生物 eukaryote): 세포에 막으로 싸인 핵을 가진 생물로서 원핵생물에 대응되는 말이다.

핵생물은 복잡한 기능을 갖는 방향으로 진화해 왔습니다.

이런 스플라이싱 제어에도 레트로바이러스의 배열이 관여하고 있다는 사실이 밝혀졌습니다. 레트로바이러스에서 유래한 배열이 스플라이싱에 필요한 배열을 파괴해, 어떤 mRNA에는 단백질을 만들지 못하는 mRNA로 바꾸기도 하고 스플라이싱의 패턴을 바꿔서 다른 단백질을 만드는 mRNA로 바꾸기도 합니다.

필자의 연구팀은 세포의 DNA 속에 있는 내재성 레트로바이러스를 연구해 보니 수천만 년 전의 고대 레트로바이러스에서 온 스플라이싱의 제어 배열과 현재 유행하고 있는 레트로바이러스의 제어 배열이 서로 다른 구조라는 것을 알아냈습니다.

아마도 고대에 유행했던 레트로바이러스는 현재 유행하는 레트로바이러스와는 다른 스플라이싱 메커니즘을 사용했던 것 같습니다. 혹은 생물이 레트로바이러스 감염을 막기 위해 고대 레트로바이러스에서 온 제어기전을 무력화하는 인자(저항성 인자)를 획득한 것인지도 모릅니다. 무력화된 레트로바이러스는 무력화에 대항하기 위해 다른 제어 기구로 변화시켰을 가능성이 있습니다. 이렇게 생물과 레트로바이러스는 몇 천만 년, 아니 몇 억 년을 서로 견제하며 생존해온 것이 아닌 가 추측되고 있습니다.

태어날 때와 죽을 때 유전자가 달라진다

인간은 태어나서 죽을 때까지 계속 같은 유전자를 가지고 살아간다고 생각하기 쉽지만 유전자 정보는 군데군데 바뀌기 마련입니다. 즉 태어날 때와 죽을 때는 DNA가 부분적으로 달라진다는 뜻입니다.

특히 가장 변화가 큰 것이 뇌입니다. 태어났을 때 뇌의 DNA와 어른이 된 다음에 뇌의 게놈 DNA는 같지 않습니다(뇌세포 전부가 달라진다는 것은 물론 아닙니다).

DNA가 바뀌는 요인 중 하나가 레트로바이러스와 비슷한 '레트로 트랜스포존(retrotransposon, 역전사 효소를 가지고 있고 이동이 가능한 염기서열)'이란 물질입니다. 동물에 따라서는 내재성 레트로바이러스에서 유래한 세포의 DNA를 역전사 효소로 바꿔 쓰고 있을 가능성도 있습니다.

예전에는 레트로바이러스만이 DNA를 바꿀 수 있다고 생각했으나 지금은 레트로바이러스가 아닌 RNA 바이러스 중에도 숙주의 게놈 DNA를 바꿀 수 있는 것이 존재한다는 것이 밝혀졌습니다. 그 중 대표적인 것이 보르나 바이러스(Borna virus)입니다.

레트로바이러스 이외의 RNA 바이러스는 자신이 DNA 바이러스를 바꿀 수 있는 역전사 효소 기능을 가지고 있지는 않지만 DNA 속에 있는 LINE(p158참조)의 역전사 효소를 이용해 DNA를 추가하는 것으로 알려져 있습니다.

다만 그 빈도가 매우 낮아서 레트로바이러스가 DNA를 바꾸는 케이스가 압도적으로 더 많습니다.

레트로바이러스에 의해 암의 발생기전이 밝혀졌다

1960년대에 전자현미경이 개발되면서 많은 바이러스를 발견할 수 있었습니다. 당시에는 바이러스로 동물의 암이 발생한다는 사실을 알게 되었고, 실지로 1960년대 후반에서 1970년대에 걸쳐 동물의 암을 유발하는 바이러스를 많이 찾아내기도 했습니다.

생쥐나 고양이, 닭에게 감염되면 암이 되거나 백혈병 혹은 림프종으로 발병되는 바이러스들이 발견된 것입니다.

그리고 혹시 인간의 암 중에도 바이러스성 암이 있는 게 아닌가 해서 그것을 찾아내려고 다양한 시도와 많은 노력을 했습니다.

당시 미국은 닉슨 대통령 시절이었는데 베트남전쟁(1955~1975) 종결 문제가 쉽게 해결되지 않아 정치적 딜레마에 빠져 있었습니다. 이에 국민의 지지를 회복하려는 의도로 닉슨 대통령이 1971년 12월 23일에 '암과의 전쟁'을 선포하고 이 연구에 대대적인 예산을 투입하는 법안에 사인을 했습니다. 케네디 정권, 존슨 정권부터 이어졌던 아폴로 계획이 닉슨 대통령 시대에 아폴로 11호의 달 착륙으로 완성되자 다음은 암 프로젝트를 내걸었던 것입니다.

그리고 그 다음 해인 1972년에 인간의 횡문근육종(근육 종양)에서 레트로바이러스를 찾아냈다는 논문이 발표됐고 인간에게 암을 일으키는 레트로바이러스를 발견했다고 떠들썩했으나 후에 이것은 사실이 아닌 것으로 판명됐습니다. 이 바이러스는 인간에게 감염된 레트로바이러스가 아니라 원래 고양이가 가지고 있던 내재성 레트로바이러스인 것으로 밝혀졌던 것입니다.

당시에는 암세포를 시험관에서 증식시키는 것이 쉽지 않았기 때문에 연구자들은 고양이의 뇌에 사람의 암세포를 이식하는 방법을 이용했습니다. 뇌는 비교적 면역시스템의 영향이 크지 않기 때문에 고양이의 뇌 안에서 인간의 암세포를 증식시켜 실험을 진행한 것입니다.

그런데 그 실험을 하는 중에 인간의 횡문근육종이 고양이가 원래부터 가지고 있던 내재성 레트로바이러스에 감염돼 버렸습니다. 즉 고양이의 내재성 바이러스를 인간의 암 바이러스라고 착각하게 된 것입니다.

1972년의 발표는 잘못된 것이었지만 정치적인 이유로 많은 예산이 배정되다 보니 암과 바이러스에 관한 연구가 활발하게 진행되던 시기였습니다.

미국이 한번 하겠다고 마음먹으면 그 분야는 엄청난 속도로 연구가 진행됩니다. 1990년대에 인간 게놈을 완전히 해독하겠다는 프로젝트도 눈 깜짝할 사이에 성과를 낼 수 있었던 것처럼 말입니다.

인간게놈 DNA에는 레트로바이러스 유래 유전자 배열이 9%

세포의 핵 안에 있는 DNA는 AGCT로 염기의 문자열이 이루어져 있고 두 개의 사슬이 한 쌍을 이루고 있습니다. 문자열은 약 30억 개에 이릅니다.

'인간 게놈 프로젝트'는 이런 DNA의 문자열을 모두 해독하겠다는 프로젝트로 1989년에 처음 구상이 발표됐습니다.

당시 학부생이던 필자는 그걸 다 해독하려면 몇 십 년이 걸릴지 모른다고 생각했습니다. 당시의 기술로는 1만 개의 DNA 배열을 해독하는 데 몇 주가 걸리던 시절이었기 때문입니다. 하지만 미국이 강력한 정치적 의지를 보이자 해독은 급속도로 진행됐습니다.

필자가 학생 때는 DNA 배열을 조사하려면 2개의 유리판 사이에 겔을 넣고 라벨을 붙인 샘플을 방사성 동위원소로 전기이동(electrophoresis) 시킨 다음 겔을 건조시켜서 필름에 인화해서 눈으로 유전자배열을 읽어나갔습니다. 하지만 그 후에 가는 관에 샘플을 흘려보내 방사성동위원소를 사용하지 않고도 자동으로 읽어낼 수 있는 오토 시퀜서(자동 염기서열분석기)라는 기계가 개발되었습니다. 이런 큰 기술혁신으로 인해 놀랍게도 10년 만에 인간의 게놈을 전부 해독하는 데 성공한 것입니다.

해독이 끝나자 연구자들이 깜짝 놀란 것은 인체를 구성하는 단백질을 코딩하는 유전자가 너무나 적다는 점이었습니다.

'인간은 고등동물이고 복잡한 생물이니까 인체를 구성하는 단백질을 만들어내기 위해서는 다른 생물보다 더 많은 유전자가 이용될 것'이라고 예상했는데 해독을 다 끝내고 보니 단백질 합성에 이용되는 부분은 30억 개의 염기쌍 중 겨우 1.5% 밖에 안 되는 것이었습니다. 초파리의 몸에서 이용되는 유전자 정보의 숫자와 별 차이가 없었습니다.

게놈 DNA 정보 중 1.5%만 있으면 인간은 인체를 구성하며 살아갈 수 있다는 말일까요?

그렇다면 나머지 98.5%는 무슨 역할을 하는지가 밝혀지지 않아 연구자 중에는 이것을 '정크 정보'라고 하는 사람도 있었습니다. 하지만 저는 그렇지 않다고 생각했습니다. 진화에 필요한 어떤 역할을 하고 있을 것이라 생각합니다.

그 이유는 우선 정크 정보라는 소리를 들은 98.5%의 게놈 DNA 배열에 반복되는 부분이 있기 때문입니다. 긴 반복 배열과 짧은 반복 배열이 그것입니다. 긴 반복배열은 LINE(long interspersed nuclear element, 긴 고반복 염기순서)이라 하고, 짧은 반복배열은 SINE(short interspersed nuclear element 짧은 고반복 염기 순서)이라고 부릅니다.

LINE에는 레트로바이러스와 마찬가지로 역전사 효소 배열이 있습니다. 역전사 효소에 의해 DNA를 증식함으로써 게놈에서 DNA 배열을 늘려가는 것입니다. 그에 비해 SINE에는 역전사 효소 배열이 없습니다. 따라서 이론적으로는 SINE이 단독으로 DNA 배열을 늘려갈 수는 없지만 실제로는 SINE과 LINE의 상호작용으로 게놈의 DNA 배열을 늘려갑니다. 이렇게 게놈 DNA를 증식시키는 메커니즘이 게놈 DNA 안에 이미 심어져 있습니다. 그리고 SINE과 LINE이 진화에 큰 역할을 담당하고 있다는 사실도 최근에야 밝혀졌습니다.

또 DNA 안에는 고대 레트로바이러스인 내재성 레트로바이러스 배열이 8% 존재하고 있다는 것도 연구 결과 밝혀졌습니다. 현재는 연구가 깊이 있게 진행되어 9% 이상으로 늘어났습니다.

필자가 학생이었던 1980년대부터 인간의 유전자 정보에 레트로바이러스 배열이 포함돼 있다는 사실은 알려져 있었습니다. 1984년경에는 그것이 1% 정도가 아닐까 예상했는데 게놈 프로젝트가 진행되면서 9%나 들어있다는 것을 알고 연구자들은 깜짝 놀랐습니다.

30억 개 염기쌍의 9%가 레트로바이러스에서 온 염기서열이라는 것은 인간의 몸을 구성하는 단백질의 유전정보보다 다섯 배나 많다는 것입니다. 참고로 생쥐는 레트로바이러스 배열이 10%입니다. 아주 먼 옛날에 유행한 레트로바이러스가 인간을 포함한 포유류의 생식세포에 감염을 일으켰고 그것이 자손 대대로 계승되어 신체의 일부를 구성하게 된 것입니다.

DNA의 '복사 & 붙임'을 행하는 레트로 트랜스포존

위에서 언급했듯이 내재성 레트로바이러스와 LINE은 역전사 효소를 가지고 있다고 말했습니다. 역전사하여 DNA를 증식해 가는 것을 '레트로 트랜스포지션(retrotransposition)'이라고 합니다.

레트로 트랜스포지션은 컴퓨터 용어로 하면 '복사&붙임'과 같은 것입니다. 문자열(DNA)의 일부를 복사해서 클립보드(RNA)에 전사하고 붙임 기능으로 클립보드(RNA)에서 문자열(DNA)로 역전사합니다. 복사&붙임을 반복하면 할수록 같은 문자열이 늘어나는데, 이렇게 DNA 배열을 점점 늘려가는 것을 '레트로 트랜스포지션'이라고 하고, 증가하는 DNA 배열을 '레트로 트랜스포존(retrotransposon)'이라고 합니다. 결국 DNA → RNA의 중간 단계를 거쳐 →다시 DNA로 역전사(reverse transcription)되는 과정을 거치면서, DNA를 복제하고 다른 곳으로 붙이기(삽입)를 합니다. 이 역전사 과정을 일반 DNA 트랜스포존과 구별하기 위하여 반대(거꾸로)라는 의미의 레트로(retro)라는 접두사를 붙인 것입니다.

내재성 레트로바이러스, LINE, SINE, 이렇게 세 가지는 레트로 트랜스포지션을 할 수 있는 요소이기 때문에 레트로 트랜스포존(또는 레트로 엘리먼트)라고 불리고 있습니다.

레트로 트랜스포지션과는 성격이 다른 '트랜스포지션'이라는 것도 있습니다. 트랜스포지션은 DNA를 잘라내어 다른 부분으로 바꿔 집어넣는 배열 구조입니다. 컴퓨터로 말하면 '자르기&붙이기'입니다. 잘라서 붙이는 것이니까 원래 배열의 수가 늘어나지는 않습니다. 잘린 DNA의 일부가 '휙' 하고 날아가 다른 곳에 '쏙' 박힌다고 하면 이해가 되실까요. 이렇게 트랜스포지션으로 이동을 해 나가는 것이 바로 트랜스포존이라고 하는 것입니다.

트랜스포지션의 경우는 예를 들어 DNA 배열에서 'A, B, C'가 한꺼번에 빠져나와서 다른 부분에 'A, B, C'그대로 박힙니다. '자르기&붙이기'가 되는 셈이죠.

레트로 트랜스포지션은 복사된 'A, B, C'가 여러 군데에 'A, B, C'형태로 붙게 되므로 DNA가 늘어납니다.

생물은 트랜스포존과 레트로 트랜스포존을 모두 이용해 순서가 바뀌거나 반복되거나 하면서 다양한 패턴으로 DNA 콘텐츠를 다이내믹하게 변화시킵니다.

생물이 진화하려면 유전자 배열이 바뀌어야 하는데 유전자를 '복사해서 & 붙이기'로 늘려가는 '레트로 트랜스포존'도 필요하고 '자르기&붙이기'로 다른 곳에 갖다 붙여 교체하는 '트랜스포존'도 필요합니다. 두 가지가 모두 생물의 진화에 일익을 담당하고 있는 것입니다.

저는 레트로바이러스에서 유래한 DNA도 생물의 진화에 상당히 큰 역할을 담당한다고 줄곧 주장해 왔는데, 생물이 바이러스에 의해 진화한다니 말도 안 된다는 반응이 많았습니다.

지금은 레트로 트랜스포존이나 트랜스포존의 작용이 규명되고

그림5-2 인간 게놈에서 레트로엘리먼트의 비율

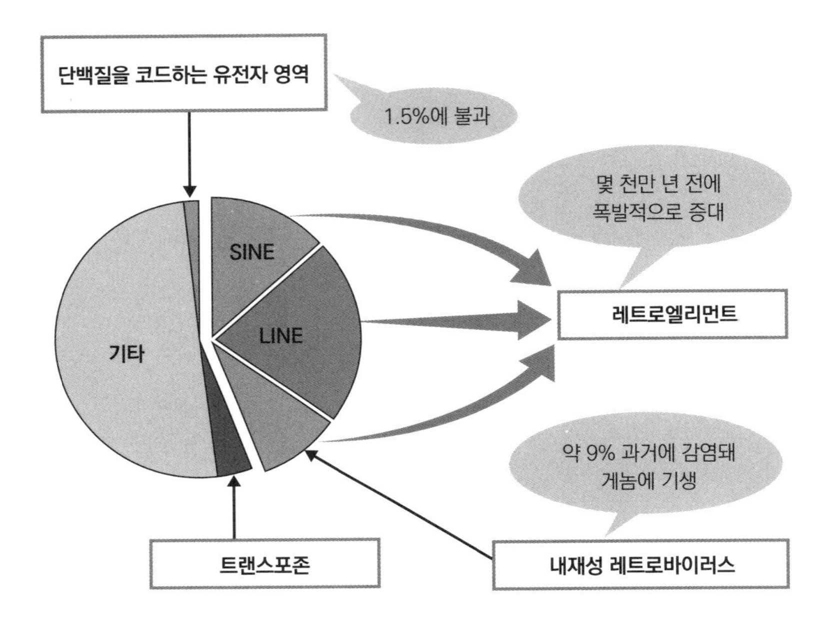

있기 때문에 레트로바이러스도 진화에 일익을 담당한다는 것이 명확해졌습니다.

그림 5-2는 인간 게놈의 구성요소를 그래프로 나타낸 것으로 원그래프의 왼쪽 반을 차지하는 '기타' 부분은 전혀 밝혀지지 않은 부분입니다. 우주를 구성하고 있는 정체불명의 '암흑 물질(dark matter)'과 같은 것입니다. 하지만 어떤 역할을 하는지 모를

뿐이지 정크가 아닌 중요한 역할을 담당하고 있다는 것은 분명해 보입니다.

그러나 아쉽게도 DNA 정보 중 절반 정도는 아직도 밝혀지지 않은 것이 현실입니다. 밝혀진 나머지 절반에 대해서도 내재성 레트로바이러스, LINE, SINE, 트랜스포존 등과 같은 대부분의 DNA는 여전히 밝혀지지 않은 미지의 세계입니다.

레트로바이러스의 존재 의의

역전사효소를 가지고 있는 LINE과 내재성 레트로바이러스의 차이는 '양 끝에 반복배열이 있느냐 없느냐' 입니다. 염기서열의 양 끝에 수 백 쌍의 '긴 반복 염기서열(LTR long terminal repeat)'이 있는 것이 LTR형 레트로 트랜스포존으로 이것이 곧 광의의 내재성 바이러스입니다. 양 끝의 긴 반복 염기서열(LTR)은 쌍을 이루고 있고 그 사이에 끼여 있는 부분이 레트로바이러스의 유전자 배열입니다.

세포 내부에서 활동하던 레트로 트랜스포존이 단백질로 이루어진 껍질과 엔벨로프(지질 막)를 뒤집어쓰고 세포 밖으로 나오게

그림5-3 LINE, SINE의 분류

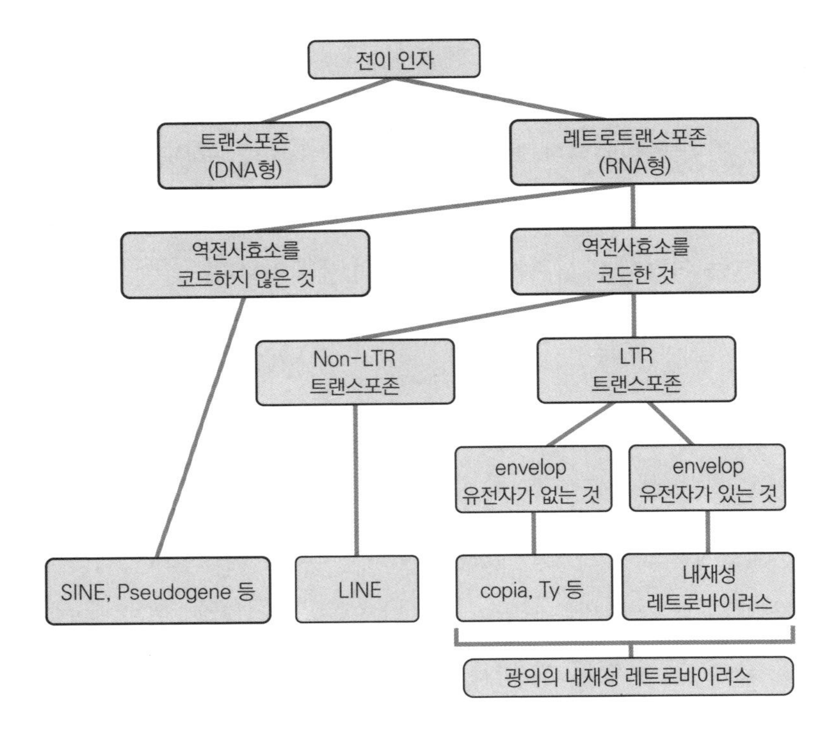

되면 '레트로바이러스'가 됩니다.

세포 밖으로 튀어 나온 레트로바이러스는 다른 세포에 감염을 일으키고 그 세포의 핵 속에 들어가 숙주의 게놈 정보에 자신의 바이러스정보를 심은 다음 정보의 양(콘텐츠)을 증대시켜 나갑니다. 이렇게 진화를 위해 게놈 콘텐츠를 증대시키는 것이 레트로바이러스의 본래 존재 의의가 아닌가 생각됩니다.

트랜스포존(DNA를 잘라서 붙이기)과 레트로 트랜스포존(DNA를 복사하여 붙이기)이 진화에 미치는 영향은 매우 중요합니다.

어떤 배열의 DNA에 다른 배열의 DNA가 삽입되면 DNA 배열의 패턴이 바뀌어 다른 단백질이 만들어지거나 단백질이 만들어지는 양이 변하게 됩니다. 또 특별한 장기에서만 단백질이 만들어지는 경우도 생깁니다. 즉 이전의 단백질 생성 과정과는 단백질의 양과 질, 특성이 모두 크게 달라지는 것입니다. 이것은 몸을 구성하는 단백질이 달라진다는 것을 의미하고 이렇게 되면 당연히 몸의 형태나 기능에도 변화가 일어납니다. 이런 변화가 반복되면 그것이 진화로 이어지는 것이죠.

바이러스는 유전자 배열을 서로 주고 받는다

내재성 레트로바이러스가 엔벨로프를 뒤집어쓰고 세포 밖으로 나오면 레트로바이러스가 된다고 말씀드렸는데, 그렇다면 엔벨로프를 만드는 단백질은 어디에서 온 것일까요.

곤충의 에란티 바이러스(Errantivirus, RNA형 바이러스)는 레트로바이러스와 똑같은 라이프사이클을 거치게 됩니다. 이른바 곤충계의 레트로바이러스라고 할 수 있죠. 에란티 바이러스의 엔벨로프 단백질은 바큘로 바이러스(Baculovirus, DNA형 바이러스)라는 곤충 바이러스와 유사한 것으로 알려져 있습니다. 전혀 관계없는 바이러스의 유전자를 빌려와 엔벨로프를 만들었다는 뜻입니다.

이 바큘로 바이러스는 오르토믹소 바이러스(Orthomyxovirus)라는 인플루엔자 바이러스과에 속한 유전자를 빌려온 것으로 보입니다.

이것은 마치 바이러스가 서로 '네 유전자를 빌려 줘'하는 식으로 유전자를 주고받는 것을 상상하면 이해가 쉬울 것 같습니다.

그런데 신기하게도 가까운 친척관계의 바이러스에게서 빌려오는 것이 아니라 전혀 관계가 없는 바이러스한테 '네 유전자를 가져가겠다'하는 식으로 가져가서 자신의 유전자에 끼워 넣고 있습니다. 이렇게 서로 유전자를 뺏어오는 것이 아마도 바이러스가 계속 살아갈 수 있는 방법인 것 같습니다.

인간의 몸 속에 숨어 있는 고대 바이러스의 단편이 깨어난다

내재성 레트로바이러스는 고대에 생식세포에 감염됐던 레트로

바이러스의 배열이 후손에게까지 이어져 온 것입니다. 그런데 이 배열은 원래의 기능을 상실하고 단편만이 남아 있을 가능성도 있습니다.

단편만으로는 기능을 다할 수 없지만 만약 새로운 바이러스가 와서 감염을 일으키면 새로운 바이러스의 배열과 고대 바이러스의 배열 단편이 합쳐져 다시 기능을 다할 수 있게 부활하는 수가 있습니다.

고양이가 외래성 레트로바이러스(고양이 백혈병 바이러스)에 감염된 후 2~3년이 지나면 수백 만 년 전에 고양이의 게놈 DNA에 들어간 내재성 레트로바이러스의 단편이 섞여 변이 바이러스가 생겨납니다.

새로운 바이러스의 일부와 고대 바이러스의 단편이 재조합 되면서 고대 바이러스가 현대에 부활하는 것입니다.

신종 레트로바이러스는 이런 식으로 생겨나는 것으로 생각됩니다. 그리고 다른 바이러스들도 이런 방법으로 생겨나는 것일 가능성이 있습니다. 에볼라 바이러스의 유전자를 조사하면 부분적으로 레트로바이러스와 똑같은 배열을 볼 수 있습니다. 아마도 에볼라 바이러스가 부분적으로 고대 레트로바이러스의 유전자를 빌려 온 것으로 생각됩니다.

이렇게 고대 바이러스가 긴 잠에서 깨어나 미래에 되살아난다는 점이 레트로바이러스의 흥미로운 점이라 할 수 있겠습니다.

약병원성 바이러스도 질병으로 발전한다

제가 고양이 바이러스를 연구하며 알아낸 것은, 몸 속에서 고대 바이러스와 재조합(리콤비네이션)이 일어났을 때 새로운 바이러스가 생겨난다는 것 뿐 아니라 고대의 레트로바이러스 중 일부 단백질에 의해 약병원성 바이러스가 강독성으로 바뀌는 케이스도 있다는 점입니다.

일반적인 고양이 백혈병바이러스는 물론 백혈병이나 림프종을 일으키지만 질환 자체는 매우 천천히 진행됩니다. 그런데 이와는 달리 고양이에게 급성 면역결핍을 일으키는 바이러스가 있습니다. 이 바이러스는 고양이 백혈병바이러스와 유전적으로 거의 흡사하지만 어느 특정 배열에 변이 부분이 있어서 일반 세포에서는 증식을 못 합니다. 그런데 이유는 모르지만 그 바이러스가 갑자기 급격하게 증식해서 고양이가 3개월 만에 죽어버린 케이스가 보고된 것입니다. 대체 이유가 뭘까요. 놀랍게도 여기에는 고대 레트로바이러스의 배열이 영향을 미치고 있었습니다.

고양이 내재성 레트로바이러스 중 하나가 FeLIX 라는 단백질을 만들어냅니다. 이 FeLIX 단백질의 기능은 그동안 알려지지 않았습니다. 그런데 알고 보니 변이 때문에 통상의 세포에는 감염을 일으키지 못하게 된 변이 바이러스를 FeLIX 단백질이 감염을 일으킬 수 있도록 돕고 있었습니다. 즉 증식성을 상실한 변이 바이러스가 내재성 레트로바이러스에서 유래한 단백질의 도움으로 증식을 할 수 있게 되는 것이죠. 놀라운 일이었습니다. FeLIX 단백질은 사자나 퓨마에는 존재하지 않습니다. 왜 고양이가 자신의 생존에 불리한 FeLIX 단백질을 발현시키는 건지 그 이유는 아직 모릅니다. 어쩌면 달리 유리한 기능이 존재하는지도 모르겠습니다. 이렇게 수수께끼투성이인 내재성 레트로바이러스의 단백질은 고양이뿐 아니라 인간에게도 존재합니다. 저는 그것이 생식에 필요한 단백질이 아닌가 생각합니다.

일반적으로는 '병원성을 가진 바이러스에 의해 질병이 생긴다'고 생각하지만, 이렇게 바이러스 자체에 병원성이 없어도 몸 속에 남아 있던 내재성 레트로바이러스의 단편이 병의 용태에 깊이 관여하는 경우도 있습니다. 그런 의미에서 아무리 약독성인 바이러스라 해도 안심할 수는 없습니다. 바이러스 자체는 약독성이어도 숙주의 게놈에 남아있는 고대 바이러스의 단편과 결합함으로써 병원성이 발현되는 경우도 있기 때문입니다.

살아남기 위해 남의 유전자를 훔치는 바이러스

바이러스의 배열을 연구하다 보면 '이 바이러스의 배열과 비슷한 것이 다른 바이러스에도 있는데… 어디서 훔쳐왔구나!' 라고 생각할 때가 많습니다. 다른 바이러스의 유전자 배열이나 숙주의 유전자 배열에서 훔쳐오는 것으로 생각됩니다.

아마도 이것은 바이러스의 생존전략일 가능성이 큽니다.

바이러스는 감염을 많이 시켜서 자신의 복사본을 많이 만들어 살아남으려고 합니다. 하지만 바이러스는 독자적으로 증식하지는 못합니다. 숙주의 세포를 이용해 증식합니다. 이 말은 끊임없이 감염이 이루어져야만 살아남을 수 있다는 뜻입니다.

만약 면역이 없는 개체가 항상 많이 존재한다면 바이러스는 잘 살아남을 수 있을 것입니다. 하지만 감염이 확대되는 것 자체가 그 바이러스에 대한 면역이 생성되는 것을 의미합니다. 면역을 갖게 된 숙주만 남게 된다면 바이러스는 생존할 수 없습니다. 그래서 변이를 만들어내는 것인데, 그것도 한계가 있습니다. 그래서 바이러스는 여기저기서 배열을 베껴 자신을 변화시킴으로써 살아남으려 합니다.

앞서도 언급했다시피 인플루엔자 바이러스의 경우 같은 인플루엔자 바이러스끼리 분절(여러 마디로 나눔)을 교환함으로써 배열을 주고받습니다. 돼지 인플루엔자 바이러스와 닭 인플루엔자 바이러스, 인간 인플루엔자 바이러스는 분절을 교환하며 크게 변화합니다.

인플루엔자 바이러스나 분야 바이러스(Bunyavirus−일반적으로 절지동물이나 설치류 에서 발견 됨)처럼 유전적으로 가까운 친척 바이러스 사이에서도 분절 교환이 일어나지만 전혀 다른 바이러스와 분절을 교환하기도 합니다. 바이러스도 살아남기 위해 나름대로 필사적인 노력을 기울이고 있는 것입니다.

모든 숙주가 단기간에 면역을 획득할 가능성도 있으므로 바이러스는 진화의 속도를 높일 수밖에 없습니다. 단순히 복제 실수에 의한 변이만이 아니라 다른 바이러스와 재조합하거나 분절 교환, 나아가 어떤 구조인지는 모르지만 전혀 다른 계통인 바이러스의 유전자나 숙주의 유전자를 빌려와 살아남기도 하는 것으로 생각됩니다.

제6장

인간의 태반은 레트로바이러스에 의해 생겨났다

태반 형성에 관여한 레트로바이러스

레트로바이러스와 관계된 것 중 상당히 오랫동안 주목하고 있는 것이 포유류의 태반입니다. 태반이 있는 생물은 포유류(코알라 같은 유대류나 오리너구리 같은 단공류는 제외) 외에 일부 파충류나 어류에도 있기는 하지만 완전한 형태의 태반은 포유류만이 가지고 있습니다.

1970년대에 포유류의 태반에서 레트로바이러스 유사입자[22]가 매우 많이 나온다는 사실이 밝혀졌고 이 무렵부터 태반과 레트로바이러스가 관계가 있을 것이라는 예상은 하고 있었습니다.

1980년대에 HTLV(인간T세포백혈병바이러스)나 HIV(인체면역결핍바이러스) 등과 같은 인간의 레트로바이러스가 발견되면서 수의학이 아닌 일반 의학 분야에서도 레트로바이러스에 관한 연구가 활발히 이루어지기 시작했습니다.

필자는 대학 때부터 줄곧 레트로바이러스와 태반의 관계에 주목하고 있었습니다. 태아는 어머니의 몸에 대해서는 이물질이므로 원래는 면역기능으로 배제해야 하는 존재입니다. 하지만 그런 일은 일어나지 않습니다. 이것은 국소적으로 어떤 면역 억제가 일

22 바이러스 유사입자 (VLP, virus-like particle): 유전정보 없이 바이러스의 외부 단백질 껍데기로만 이루어진 입자

어나고 있는 상태일 것이고 국소적인 면역 억제를 일으켜 태아를 유지하는 역할을 담당하는 것이 레트로바이러스라는 가설을 필자는 대학 때 세웠습니다.

물론 당시에 당장 내재성 바이러스에 관한 연구를 하고 싶었지만 대학의 바이러스 연구는 거의 대부분이 병원성 바이러스에 관한 것이었습니다. 학생 때는 질병을 일으키지 않는 내재성 바이러스에 관한 연구를 할 기회는 찾아오지 않았습니다.

1990년대 들어 드디어 태반과 레트로바이러스의 관계에 관한 논문이 나오기 시작했지만 내용은 그다지 만족스럽지 않았습니다.

결국 2000년대가 되어서야 「Syncytin is a captive retroviral envelope protein involved in human placental morphogenesis」라는 논문이 영국의 네이처지에 실렸습니다. 레트로바이러스에서 유래한 신시틴(Syncytin)이라는 단백질이 인간의 태반 형성에 이용된다는 내용입니다.

인간이 태어나는 과정을 살펴보면, 먼저 난소에서 나온 난자가 난관에서 정자와 만나 수정이 이루어져 수정란이 됩니다. 수정란은 난관을 통과하면서 세포분열을 하여 배반포[23]로 성장하고 이것

23 배반포(胚盤胞 blastocyst): 세포분열을 통해 여러 개의 세포로 이루어 짐

이 자궁까지 가서 자궁벽에 착상하는 것입니다.

착상이라는 말 때문에 수정란이 자궁벽에 달라붙어 있는 모습을 상상하기 쉽지만, 인간이나 생쥐는 사실 수정란이 자궁벽을 파고 들어갑니다. 징그럽다는 표현을 써도 좋을 만큼 수정란이 자궁벽을 파괴하고 모체의 혈관까지 파괴하면서 안으로 깊이 파고 들어갑니다.

배반포의 바깥쪽에 있는 막을 영양막이라고 하는데 배반포의 영양막 세포가 서로 융합해서 합포체영양막(合胞體營養膜 syncytiotrophoblast)이 됩니다. 합포체영양막에서 단백질 분해효소가 생성되어 모체의 자궁벽 세포를 녹이고 배반포가 자궁벽 내부로 파고듭니다. 이렇게 해서 융합한 합포체영양막 세포가 태반이 되는 것입니다.

이 융합세포를 만들 때 쓰이는 단백질 배열이 2000년에 동정(identified－분류학상 소속을 정하는 것)되었는데 기존에 레트로바이러스로 등록된 인간 내재성 레트로바이러스(HERV)의 배열과 똑같았습니다. 이 바이러스는 아주 먼 옛날에 인간의 조상 동물에게 감염됐다가 게놈에 삽입된 것으로 생각됩니다. 이 연구는 고대 레트로바이러스가 인간 태반의 진화에 관여했다는 사실을 증명하는 것으로 필자는 이것이 노벨상 수상에 비견될 정도로 가

그림6-1 배반포 착상

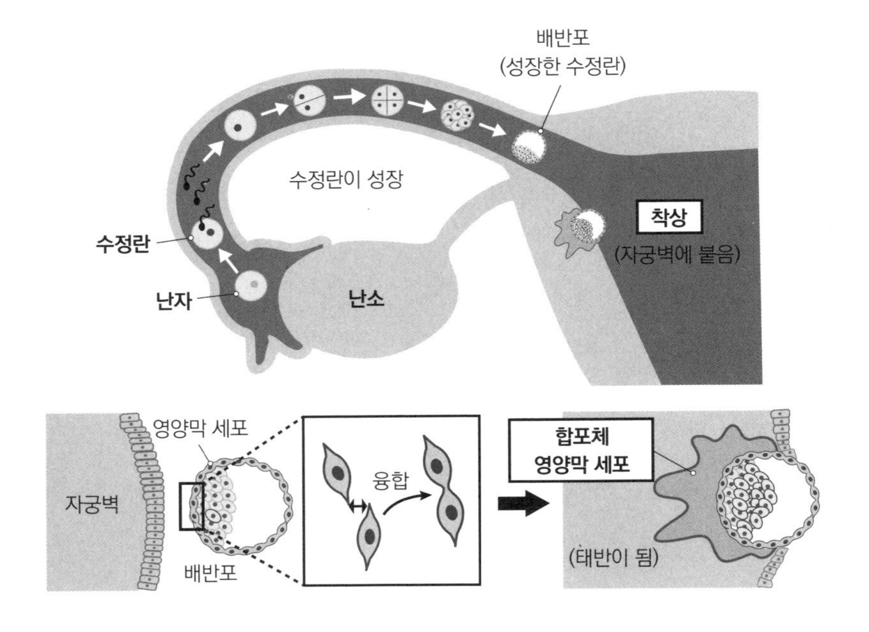

치 있는 연구라고 생각합니다. 하지만 이 연구는 노벨상을 받지 못했습니다. 왜냐하면 요즘 노벨 생리의학상은 인간에게 의학적으로 공헌하지 않으면 받을 수가 없습니다. 그러나 만약 노벨 생물학상이란 것이 있었다면 틀림없이 이 연구가 수상하지 않았을까 생각합니다.

융합세포를 만드는 단백질인 신시틴에서 사용된 인간 내재성 레트로바이러스의 배열은 HERV−W(인간 내재성 바이러스−W)

입니다. HERV-W는 약 2500만년~3천만년 전에 포유류가 감염된 레트로바이러스에서 유래한 배열입니다.

신시틴 연구가 계기가 되어 태반과 레트로바이러스와의 관계에 관한 연구는 더욱 발전하게 되었고 필자의 연구팀도 소소하게나마 그 대열에 합류하고 있습니다.

착상 시 면역 억제에도 레트로바이러스가 사용된다

저는 수의사이기 때문에 여러 동물의 태반 구조를 알고 있습니다. 태반의 형상과 구조는 동물에 따라 많이 다릅니다.

말과 돼지의 태반은 전체적으로 털이 북슬북슬 달린 것처럼 생긴 산재성 태반(diffuse placenta)이고, 소나 양의 태반은 작은 태반절이 많이 모여 하나의 혈관으로 가스를 교환하는 중복태반(multiplex placenta)이며, 고양이나 개의 태반은 태아를 띠처럼 감싸고 있는 대상태반(zonary placenta)입니다. 그리고 인간과 생쥐의 태반은 원반 모양의 태반에 태아가 붙어있는 반상태반(discoid placenta)입니다.

같은 포유류라도 이렇게 모양도 구조도 전혀 다르고 조직학적으로도 크게 다릅니다. 그 이유는 각 동물이 감염됐던 레트로바이러스가 다르기 때문이 아닌가 생각됩니다.

큰 융합세포를 만들어내는 태반이 있는 것은 인간과 생쥐뿐입니다. 말이나 돼지는 모체의 세포와 태아의 세포가 서로 접하고 있을 뿐이지 융합세포를 형성하지는 않습니다. 소나 양은 그 중간형이라고 할 수 있습니다.

인간과 생쥐는 모체의 자궁벽 깊숙이 배아가 파고 들어갑니다. 이때 모체의 혈관도 파괴되어 모체의 혈류가 태아 측의 합포체영양막 세포와 직접 접하면서 모체의 혈관 속 적혈구를 통해 가스 교환이 직접 이루어지므로 생존에 유리합니다. 지구의 산소농도가 낮아져도 효율적으로 가스 교환을 할 수 있는 이런 구조의 태반을 가지고 있는 포유류는 그렇지 않은 다른 동물에 비해 지구상에서 살아남을 확률이 높습니다.

하지만 한 가지 큰 문제점이 있습니다. 태아가 모체의 세포에 파고들어 혈류가 태아에서 유래한 융합세포(합포체영양막 세포)와 접하면 모체의 면역세포에서 이것을 이물질이라고 판단해 강한 공격을 할 우려가 있다는 점입니다.

태아의 세포에는 아버지의 유전자가 포함되어 있으므로 모체에게 태아란 배제해야 할 이물질인 셈입니다. 모체의 혈액에 있는

그림6-2 포유류의 다양한 태반

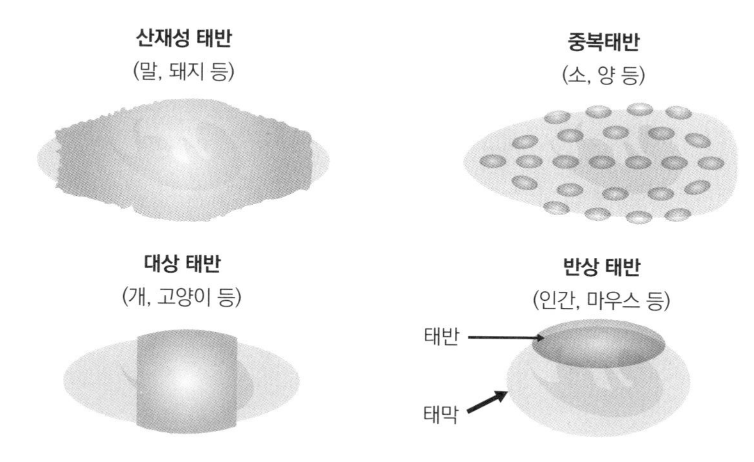

출전: Miyazawa&Nakaya(2015)

면역세포가 태아를 이물질로 판단하면 공격하기 시작합니다.

그러면 태아는 어떻게 모체의 면역 세포에게 공격당하지 않는 걸까요? 여기에도 레트로바이러스의 배열이 관계한다고 보고 있습니다. 태반이 형성될 때 인간에게서 발현되는 또 하나의 단백질인 '신시틴2'는 세포의 융합 활성은 낮지만 면역을 억제하는 배열이 포함돼 있다는 것이 밝혀졌습니다. 즉 모체가 태아를 공격하지 않도록 면역을 억제하고 있는 것입니다. 신시틴2는 HERV-W와는 다른 내재성 레트로바이러스인 HERV-FRD에서 유래한 유전자입니다. HERV-FRD는 약 4천만 년 전에 영장류의 조상 동물이 감염됐던 바이러스입니다.

레트로바이러스 중 하나인 동물 백혈병 바이러스는 면역기능을 약하게 만드는 짧은 유전자 배열을 가지고 있습니다. 포유류는 바로 이 배열을 능숙하게 잘 이용해서 모체의 면역기능을 억제하고 있는 것으로 보입니다. 레트로바이러스의 면역 억제 기능을 이용함으로써 태아의 세포가 모체의 자궁벽을 파고들어도 모체가 이물질로 인식해서 공격하는 일이 일어나지 않는 것입니다.

소의 태반 형성에 사용되는 '페마트린1'을 발견

인간과 생쥐의 배반포 착상은 태아 측 영양막 세포가 다량으로 융합되면서 일어나지만 소의 경우는 전혀 다른 일이 일어납니다. 놀라지 마십시오.

인간의 배반포는 구처럼 생겼지만 소의 배반포는 몇 십 센티 정도 길이의 띠 모양입니다. 띠 모양의 배반포가 모체의 자궁소구(caruncle)[24]에 붙어서 착상하게 되는데, 이때 송아지 태아세포의

---

24 자궁소구(子宮小丘 caruncle): 반추류의 자궁 내막에 있는 달걀 모양의 돌기

일부가 어미 소의 세포와 완전히 융합해 버립니다. 어미 소에게 있어 이물질인 송아지 태아세포와 어미 소의 세포가 융합한다니, 도저히 믿을 수가 없는 일입니다. 필자는 이 사실을 알았을 때 그 메커니즘을 꼭 규명해야 한다는 강한 충동을 느꼈습니다. 연구자의 열정에 불이 붙었다고나 할까요.

통상적으로 세포분열이 일어날 때는 1개의 핵이 분열하여 2개가 되면서 2개의 세포로 갈라집니다.

그런데 소의 경우에는 태아의 영양막세포가 착상될 때 일부 세포(영양막세포)에서 1개의 세포 속에서 핵분열이 일어나 핵이 2개가 됐는데도 세포분열을 하지 않고 2핵 세포 상태가 되는 것입니다. 그 2핵 세포는 다시 어미 소의 자궁내막 세포에 붙어 3개의 핵을 가진 융합세포가 되는데 이것을 3핵 세포라고 부릅니다.

이때 송아지의 영양막세포가 1핵 세포에서 2핵 세포가 된 시점에서 임신 유지 호르몬이 분비되면서 어미 소에게 나는 당신의 아이이니 지켜달라는 신호를 보냅니다. 이렇게 신호를 보낼 때 호르몬을 방출해야 하는데, 태아가 모체의 혈관 안으로 호르몬을 보내는 것은 전달 효율이 떨어집니다.

그래서 모체의 세포와 융합을 하는 것입니다. 융합 후 3핵 세포가 되면 모체의 자궁벽 쪽으로 이동할 수 있고 임신 유지 호르몬

그림6-3 소의 영양막의 세포구조

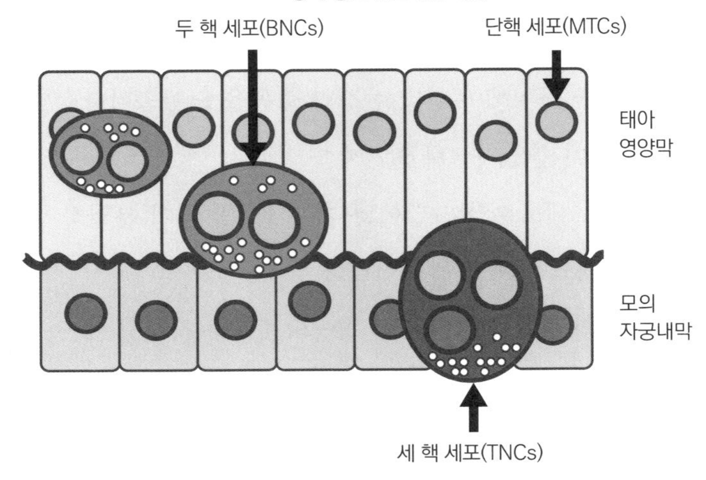

을 모체의 혈액 속으로 효율적으로 전달할 수 있게 됩니다. 이 밖에 태아의 조직과 모체의 조직을 밀접하게 연결하는 역할도 생각해 볼 수 있겠습니다.

그럼 어떻게 이런 구조가 가능했던 걸까요.

필자의 연구팀이 약 7년에 걸쳐 연구한 바에 따르면 이것도 레트로바이러스와 관계가 있는 것을 발견했습니다. 소의 태반 형성에 이용되는 인자를 발견해 페마트린1(fematrin-1 fetomaternal trinucleate cell inducer 1)이라고 이름 붙였습니다. 이것은 약 2천500만 년 전에 소에게 감염된 레트로바이러스에서 유래한 BERV-K1(bovine endogenous retrovirus K1-소 내재성 레트로바이러스-K1)이라는 염기서열이었습니다.

7년에 걸쳐 진행한 이 연구는 대규모 연구였지만 안타깝게도 '사이언스'에는 실리지 못하고 다른 바이러스 전문지에 게재 되었습니다.

소과 동물은 소아과(亞科)와 염소아과(亞科)로 분류됩니다. 소아과 동물로는 소, 반텡[25], 물소, 늪영양(sitatunga) 등이 있고 염소아과 동물로는 염소, 양 등이 있습니다.

소 내재성 레트로바이러스-K1(BERV-K1)이라는 레트로바이러스는 약 2천500만 년 전에 소아과 동물들의 몸 속에 들어가 게놈 DNA유전자를 바꾼 것으로 보입니다. 소아과 동물들의 태반에는 모두 3핵 세포가 있습니다.

염소아과 동물의 태반 세포는 소아과 동물과는 모양이 다릅니다. 이것은 소아과 동물과는 다른 레트로바이러스의 영향인 것으로 생각됩니다.

25 반텡(Banteng, Bos javanicus): 동남아시아에 서식하는 들소의 일종

호주에 유대류 동물이 많은 이유

이처럼 태반 진화에는 내재성 레트로바이러스가 꼭 필요하다는 사실이 규명되고 있습니다. 내재성 레트로바이러스는 이밖에도 태아를 공격하는 모체의 면역체계를 억제하기도 하고 호르몬의 전달을 원활하게 함으로써 임신 유지에 기여하고 있는 것으로 생각됩니다.

동물의 태반에서 발현하는 내재성 레트로바이러스를 조사하면 그 종류가 매우 다양하다는 것을 알 수 있습니다. 하지만 이중 기능이 알려진 것은 매우 적습니다.

[그림6-4]의 계통도를 보면 왼쪽 아래 부분에 PEG-10과 PEG-11이라는 것이 있습니다. 이런 것들이 태반을 형성한 기초가 됐다고 여겨지고 있으며, PEG-10은 1억 8천만 년 전, PEG-11은 1억 수 천만 년 전에 동물에게 들어간 레트로 트랜스포존입니다.

연구에 따르면 과거에 감염됐던 레트로바이러스의 종류나 몸속에 들어온 레트로바이러스를 어떻게 이용했는가에 따라서 태반의 종류가 달라졌습니다.

포유류 중에서도 코알라나 캥거루 같은 유대류는 특이하게도 불완전한 태반을 가지고 있습니다. 작은 사이즈로 태어난 새끼가 어미의 배에 달린 주머니 안에서 자라는 구조죠. 이것은 호주 대륙이 6천 5백 5십만 년 전에 인간의 조상 동물(태반을 가지고 있는 포유류=진수류[26])이 진화할 때 분리돼 있었던 것이 원인일 지도 모릅니다. 호주 대륙에서는 태반을 발달시키기 위한 레트로바이러스가 유행하지 않았고 포유류의 태반이 발달하지 않았을 가능성이 있습니다.

호주 대륙에 처음 인간이 살기 시작한 시기는 여러 설이 있지만 6만 5천 년 전이라고 알려져 있습니다. 그리고 약 400년 전에 유럽인들이 유입됐습니다. 호주 원주민이나 유럽인들이 유입되면서 생쥐나 가축 등 동물들도 함께 유입됐고 동물에서 유래한 레트로바이러스도 들어갔다고 추측됩니다. 어쩌면 유대류는 레트로바이러스가 생식세포에 침입하는 것을 차단하는 시스템이 충분히 갖춰지지 않은 것인지도 모릅니다.

흥미로운 것은 호주 대륙의 포유류 중에서 코알라만은 레트로바이러스가 생식세포에 침입하는 것을 지금도 허용하고 있다는 사실입니다. 우리 인류의 조상은 공룡이 멸종되고 난 후 약 6550만 년 전의 시대에 레트로바이러스에 감염돼 게놈이 복잡하고 다

26 진수류(眞獸類 Eutheria): 태반이 있는 포유동물의 부류

그림6-4 진수류의 태반형성에 관여하는 내재성 레트로바이러스

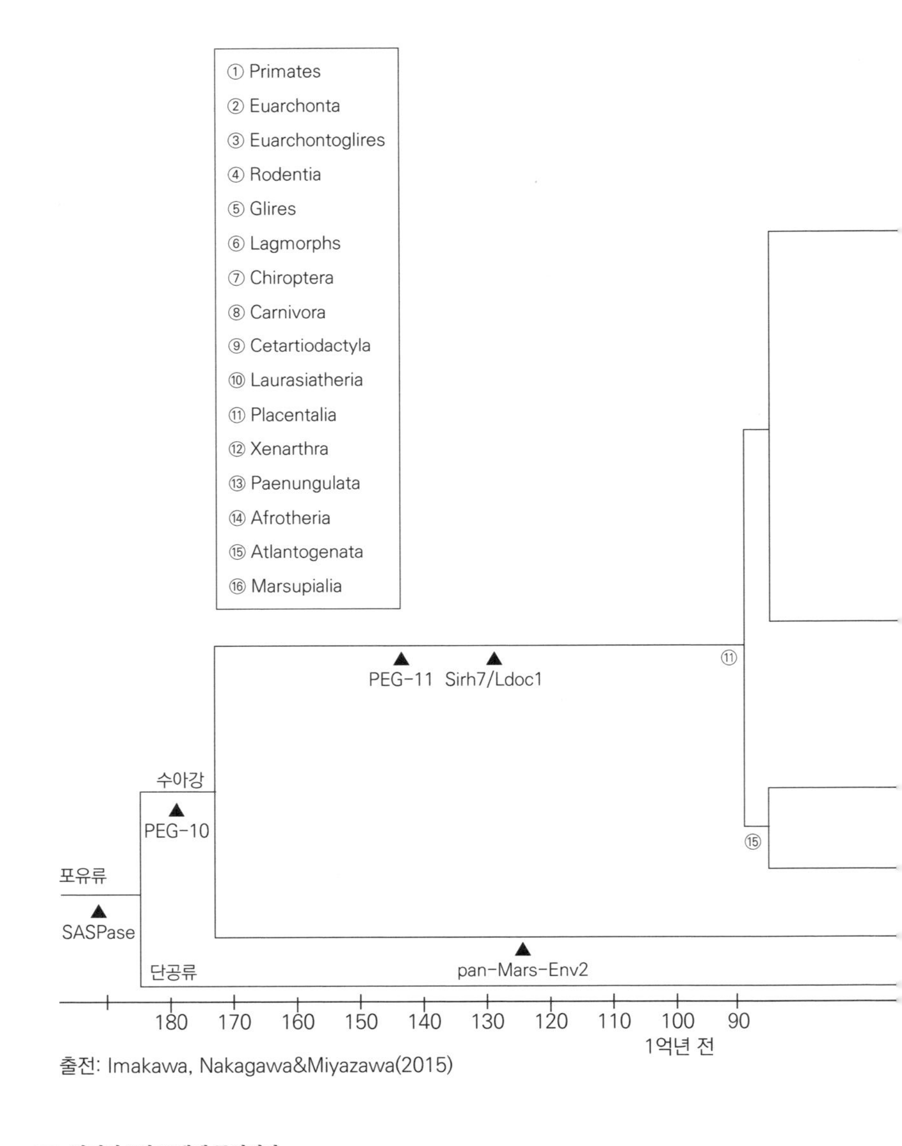

출전: Imakawa, Nakagawa&Miyazawa(2015)

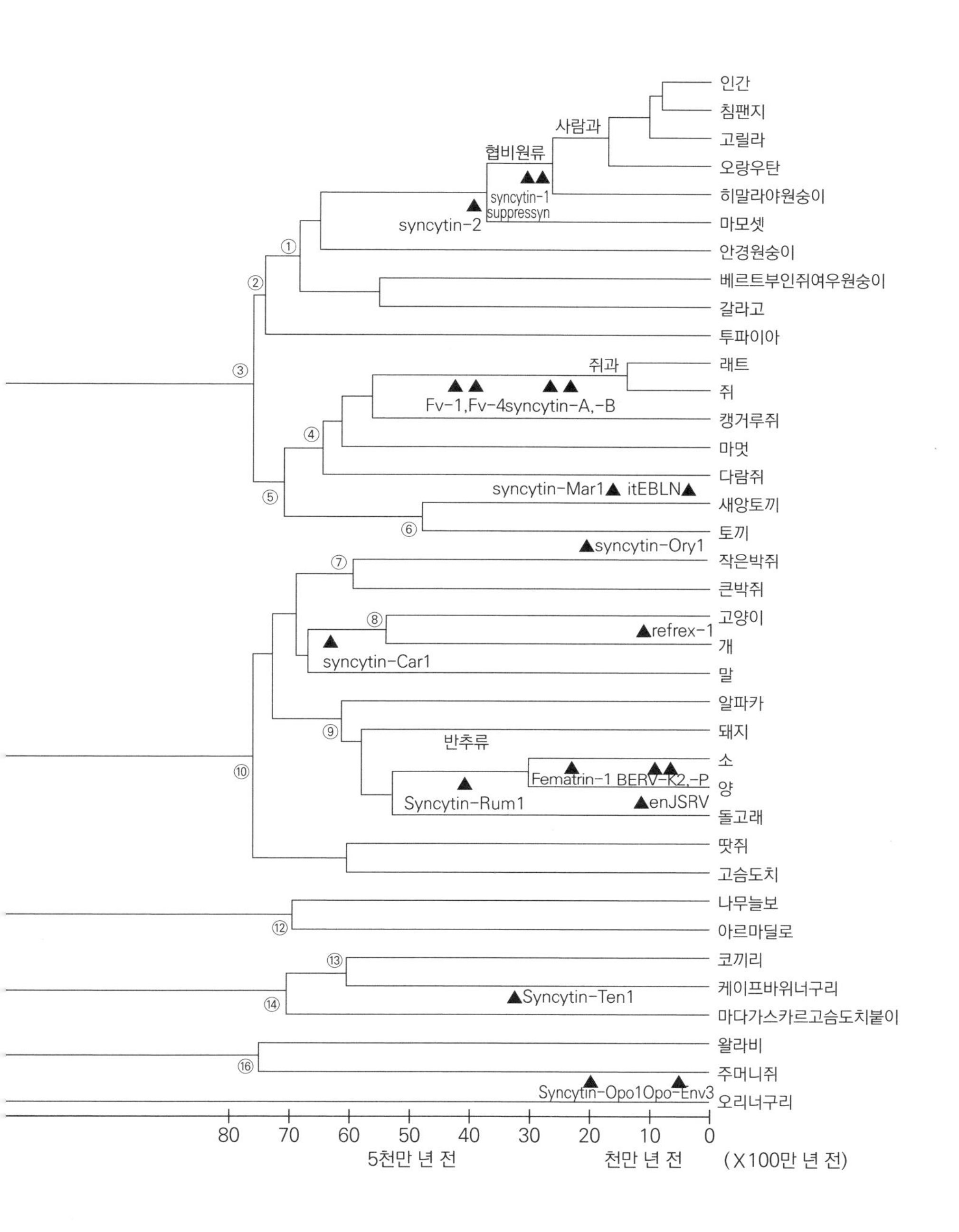
인간
침팬지
사람과
고릴라
협비원류
오랑우탄
syncytin-1
suppressyn
히말라야원숭이
syncytin-2
마모셋
①
안경원숭이
②
베르트부인쥐여우원숭이
갈라고
투파이아
③
쥐과
래트
Fv-1,Fv-4
syncytin-A,-B
쥐
캥거루쥐
④
마멋
다람쥐
syncytin-Mar1
itEBLN
⑤
새앙토끼
⑥
토끼
syncytin-Ory1
⑦
작은박쥐
큰박쥐
⑧
고양이
refrex-1
개
syncytin-Car1
말
알파카
⑨
돼지
반추류
소
Fematrin-1
BERV-K2,-P
양
⑩
Syncytin-Rum1
enJSRV
돌고래
땃쥐
고슴도치
나무늘보
⑫
아르마딜로
⑬
코끼리
케이프바위너구리
Syncytin-Ten1
⑭
마다가스카르고슴도치붙이
왈라비
⑯
주머니쥐
Syncytin-Opo1
Opo-Env3
오리너구리
80
70
60
50
40
30
20
10
0
5천만 년 전
천만 년 전
(X100만 년 전)

양하게 진화한 것인데, 현재 호주 대륙의 유대류는 이런 현상이 지금도 현재진행형으로 진행 중일 수도 있습니다.

필자는 공룡이 멸종됐을 무렵의 포유류와 그 진화에 관심이 많습니다. 현재의 유대류와 레트로바이러스를 연구하는 것이 학문적 의문점을 해명하는 데 큰 실마리를 제공하지 않을까 생각하고 있습니다. 그렇지만 만약 그렇다고 해도 필자가 살아있는 동안 답이 나오지 않을 것 같으니 젊은 연구자들에게 기대하는 바 큽니다. 저는 무덤에서 기다리고 있을 테니 결과가 나오면 제게 꼭 보고하러 와 주십시오. 웃으며 기다리고 있겠습니다.

세포의 초기화에도 레트로바이러스가 관여한다

수정란은 한 개의 세포였다가 2개, 4개 하는 식으로 배수로 세포분열을 거듭하며 성장하는데, 완전히 성장한 배아가 배반포(胚盤胞)입니다.

배반포의 가장 바깥쪽에 있는 막의 세포는 모체의 세포와 융합하며 태반으로 바뀌고 배반포 안쪽에 있는 세포 덩어리는 태아가 됩니다.

배반포 안쪽의 세포 덩어리를 채취해 계속 증식하게 만든 것이 배아줄기세포(ES, embryonic stem cells)이고, 배아줄기세포를 본떠 인공적으로 만들어 놓은 것이 iPS세포(induced pluripotent stem cells, 유도만능줄기세포)입니다.

iPS세포는 몸의 조직으로 분화한 세포를 채취하고, 거기서 4개의 인자를 도입해, 분화 전의 상태로 초기화한 세포입니다. 초기화됐다는 것은 이미 성숙하고 분화된 세포를 미성숙한 세포로 역분화해 다시 모든 조직으로 분화해나갈 수 있다는 것으로 이론적으로는 어떤 조직이나 장기도 될 수 있다는 뜻입니다. 그래서 재생의료 분야에서 기대를 한 몸에 받고 있죠.

하지만 iPS세포로 태반을 만들 수는 없습니다. 배아줄기세포 단계, 즉 태반의 다음 단계까지만 거슬러 올라갈 수 있습니다. iPS세포는 세포의 초기화라고 알려져 있지만 완전한 초기화는 아닙니다.

iPS세포와는 달리 수정란은 태반을 포함하여 어떤 세포든 될 수 있기 때문에 완전히 초기화되어있습니다. 그렇다면 수정란이 분열해서 2세포가 된 상태에서는 완전한 초기화(이 상태를 전능성 토티포텐시totipotency 라고 함)가 유지되고 있을까요? 2세포가 된 단계에서 둘로 나누어진 케이스가 이란성 쌍둥이입니다. 이때 둘로 나누어진 세포는 각각 태반을 만들어 착상할 수 있기 때문에 2세포까지는 완전히 초기화된 전능세포라고 할 수 있습니다.

그렇다면 2세포가 분열해 4세포가 된 상태는 어떨까요? 4세포가 되면 수정란이 4개로 나뉘어져도 4개가 각각 태반을 만들 수는 없습니다. 즉 전능세포가 아니라는 소리입니다.

태반을 포함해 어떤 세포든 될 수 있는 전능세포, 그러니까 완전히 초기화된 상태는 2세포기 배아까지라고 알려져 있습니다. 4개 이상으로 분열하면 전능성은 더 이상 존재하지 않습니다.

iPS세포 연구로 2012년 노벨생리의학상을 받은 야마나카 신야 박사는 인공적으로 만능세포를 만드는 기술을 개발했는데 이 기술도 완전한 초기화까지는 아직 한 걸음 더 남아 있는 수준입니다.

하지만 완전한 초기화가 가능하다는 것만은 확실합니다. 예를 들어 돼지를 대상으로 '상피 유래 섬유아세포'와 같은 체세포의 핵을 채취하여 수정란의 핵과 바꿔치기 해서 배양하면 2세포, 4세포로 분열하는데, 이것을 자궁에 다시 넣으면 새끼돼지가 태어납니다. 즉 피부세포로 분화한 다음에도 수정란 속에 넣으면 DNA가 완전히 초기화되어 태반도 될 수 있고 다른 어떤 세포도 될 수 있는 것이지요.

이 실험에서 알 수 있는 것은 수정란 속에는 완전히 초기화하는 어떤 인자가 들어있다는 것입니다. 안타깝지만 그 인자가 무엇인지까지는 아직 밝혀지지 않았습니다.

모종의 시스템이 작동해서 초기화가 일어나는데 그것이 유전자를 직접 초기화하는 단백질인지, 초기화하는 단백질을 만드는 단백질인지, 그렇지 않으면 단백질이 아닌 다른 무엇인지 아직은 모릅니다.

2012년에 한 연구팀이 전능성을 가진 2세포 단계와 4세포 단계 이후의 RNA의 차이를 조사했습니다. 이 두 경우에 발현되는 RNA는 전혀 다른 것이었는데 2세포 단계까지는 RNA의 배열이 내재성 레트로바이러스가 제어하는 RNA 배열이라는 사실을 밝혀냈습니다.

그러니까 완전한 초기화의 과정에 레트로바이러스가 관여하고 있다는 것은 틀림없지만 그것이 무엇인지 모르는 상황입니다. 그 답을 누군가 밝혀내면 좋겠지만 필자가 살아 있는 동안에는 아마도 어렵지 않을까 싶습니다.

복제양 돌리가 던진 충격

포유류와는 달리 뿌리나 잎으로 분화한 식물 세포를 식물 호르몬으로 미분화된 초기배아 단계로 되돌리는 것은 간단합니다. 예를 들어 당근에서 어느 부분의 세포를 떼어 내더라도 캘러스 배양[27]으로 재분화시키면 다시 당근을 얻을 수 있습니다. 즉 식물은 클론(복제물)을 만드는 게 쉬운 일이라는 뜻입니다. 양서류도 비교적 쉽게 클론을 만들 수 있습니다. 개구리 유생(배아와 성체의 중간)의 장세포를 채취해서 수정란의 핵과 교체하여 집어넣으면 개구리가 태어납니다.

포유류는 진화해서 피부나 장 등으로 일단 분화한 세포는 더 이상 원래대로 돌아갈 수 없다는 것이 정설이었습니다. 그런데 스코틀랜드에서 복제양 돌리가 만들어진 것입니다.

설마 포유류에서 그런 일은 불가능할 것이라고 모두가 생각했었는데, 양의 유선(젖샘)세포를 채취해서 미수정란의 핵을 제거하고 유선세포의 핵을 대신 넣은 다음 분열된 수정란을 대리모 양의 자궁에 이식했더니 복제양이 태어난 것입니다. 이 양은 아시다시피 돌리라는 이름이 붙여졌습니다.

이것은 초기화하는 유전인자가 미수정란 속에 있어서 핵을 바꿔 넣으면 유선세포를 초기화할 수 있다는 것을 의미합니다.

---

27 캘러스 배양(callus culture): 식물체에 상처를 냈을 때, 상처를 덮고 부풀어 오르는 세포 조직.

원래 생식세포는 처음부터 초기화된 전능성이 있는데, 그 초기화를 유지하기 위한 물질이 레트로바이러스의 배열에 의해 만들어지고 있을 가능성이 높습니다. 레트로바이러스 배열이 직접 초기화를 제어하고 있는지, 아니면 초기화를 제어하는 물질을 레트로바이러스 배열이 만들어내는지는 정확히 알 수 없지만 이 과정에 레트로바이러스가 관여하고 있다는 것만은 확실합니다.

만약에 초기화 인자가 레트로바이러스 배열이 포함된 단백질이라면 금세 발견이 됐을 텐데 아직까지 발견이 되지 않는 것을 보면 단백질이 아닐 가능성도 있습니다.

야마나카 박사 연구팀이 발견한 iPS세포(유도만능줄기세포)를 만들기 위해서 세포에 도입되는 4개의 인자는 초기화에 직접 작용하는 것이 아닌지도 모릅니다. 초기화하는 단백질을 발견하기만 하면 그 단백질을 동정하여 분화된 세포에서 발현시키면 어떤 포유동물이라도 쉽게 초기화할 수 있을 것입니다. 그런데 실제로는 초기화가 가능한 동물이 있고 불가능한 동물이 있습니다. 어쩌면 단순히 기술적인 문제일지도 모르지만 본질적으로 초기화 인자 자체를 아직 발견하지 못한 것인지도 모릅니다. 어쨌든 간에 빨리 밝혀지기를 바랍니다.

또 생쥐와 인간에서 iPS세포를 만들 수 있으니 다른 동물에서도 같은 인자를 이용하면 손쉽게 iPS세포를 만들어낼 수 있을 것이라고 생각하는 사람도 있지만, 동물 중에서도 iPS세포를 만들어낼 수 있는 동물과 없는 동물이 있습니다. 그러니 iPS세포의 4개 인자도 초기화 인자의 완벽한 해답은 아닌지도 모릅니다.

어쨌든 인류는 체세포(몸을 구성하는 세포로 생식세포와는 다름)에 있어서는 배아줄기세포와 유사한 iPS세포의 단계까지 초기화하는 데 성공했습니다. 비록 완전한 초기화는 아니지만 이론적으로는 iPS세포로부터 모든 장기를 만들 수 있으니 의료분야에 이용하는 데는 문제가 없습니다. 하지만 완전한 초기화 메커니즘을 규명하는 것도 중요한 일임에는 틀림없습니다.

분화된 세포를 완전 초기화하는 인자는 '단백질을 코드하지 않는 RNA(non-coding RNA, ncRNA)'일 가능성도 있습니다. RNA는 단백질을 만드는 작업지시서이지만 ncRNA 자체도 특수한 구조와 기능을 가지는 경우가 있으므로 충분히 초기화 인자 역할을 할 가능성은 있습니다.

아직 수수께끼투성이이지만 필자는 이 수수께끼를 푸는 열쇠가 인간이나 생쥐가 아닌 다른 포유류에 있다고 생각합니다. 모든 동물에 공통된 인자를 발견할 수 있다면 그것이 답이 될 것이라 믿습니다.

복제인간이 태어날 가능성

배아줄기세포(ES세포), 유도만능줄기세포(iPS세포)는 이론적으로는 모든 장기를 만들 수 있지만 태반은 만들 수는 없다고 여겨져 왔습니다. 하지만 최근에 새로운 연구결과가 나오고 있습니다.

배반포의 외측 막은 태반까지도 만들어낼 수 있는 전능성이 있는데 이것을 영원히 증식하도록 만든 것이 TS세포(trophoblast stem cells-영양막 줄기세포)입니다. 예전에는 배아줄기세포에서 TS세포로 변환은 불가능하다고 알려져 있었는데 최근에 한 연구팀이 배아줄기세포에서 태반세포로 변환하는 것에 성공했다고 발표 했습니다. iPS세포에서 영양막 세포로 변환하는 것이나 배반포로 변환하는 것도 연구가 진행 중이지만 아직 성공적이지는 않다고 합니다. 배아줄기세포(ES세포)와 영양막 줄기세포(TS세포)를 조합하면 이론적으로는 클론을 만들어낼 수 있지만 아직 성공한 예는 없습니다.

현재의 기술 수준으로도 복제 인간을 만드는 것은 가능합니다. 체세포의 핵으로 수정란의 핵을 치환하고 배아를 키워 배반포를 대리모에게 이식하면 이론적으로는 복제인간을 만들어낼 수 있습니다. 실제로 복제원숭이를 만드는 데는 성공 했습니다. 하지만 성인의 세포는 게놈DNA에 상처(변이)가 있기 때문에 정상적으로 복제인간을 만들지는 못할 가능성이 있습니다. 물론 현시점에서 윤리적으로도 허용되지 않을 것입니다.

생명기술은 이미 상식을 뛰어넘는 수준

현재 생명기술은 매우 발전했습니다. 머지않아 인공태반도 개발될 것입니다. 인공적인 탱크 안에 인공태반과 배아를 넣어 인간을 만들어내는 시대가 올지도 모릅니다. 물론 동물의 자궁에 인간의 배아를 이식해 낳게 하는 방법도 있지만 동물이 인간을 낳는 것은 아무래도 심리적 저항이 클 테니 차라리 인공 탱크가 더 실현 가능성이 높을 것 같습니다.

만일 그런 기술이 개발되면 초기에는 불임치료에서 활용되겠지만 차차 일반적인 출산에 이용될 가능성이 있습니다. 사실 임신과 출산은 모체에게 엄청난 리스크가 수반됩니다. 인간은 리스크가 적고 안전한 것을 추구하는 존재이므로 언젠가는 모든 출산을 인공탱크를 이용하는 시대가 올지도 모릅니다.

임신과 출산에 문제가 있는 사람은 인공 탱크 출산을 해도 되지만 이상이 없는 사람은 인공 탱크를 쓰지 않고 직접 아이를 낳아야 한다고 법으로 정할 때, 점차 그것이 불공평하다는 의견이 강해지면 건강한 사람도 인공 탱크로 출산하는 시대가 올 것이라고 저는 생각합니다.

그리고 이런 생명기술이 더욱 발달하면 종국에는 가족의 개념은 사라질지도 모릅니다. 부모가 아이를 직접 낳는 시대가 막을 내리면 가족의 개념도 현재와는 완전히 달라질 것입니다. 그런 것은 윤리적으로 바람직하지 못하다고 생각할 수도 있지만 윤리관은 언제나 시대와 더불어 변화해 왔습니다.

제가 어렸을 때는 인공수정을 '시험관 아기'라고 부르며 그것이 과연 옳은 일인가에 관해 열띤 토론이 이루어지곤 했습니다. 하지만 지금 인공수정은 불임치료의 한 방법으로 일반적인 것이 되었습니다.

인간은 다양한 욕망을 지니고 있습니다. '내 아이는 잘 생겼으면 좋겠다' '머리가 좋은 아이면 좋겠다' '운동을 잘 했으면 좋겠다' 등등 생명기술이 발전하면 좋은 유전자를 가진 아이를 선별해서 낳을 수도 있을 것입니다. 물론 필자는 옳은 일이라고 생각하지 않습니다.

어쩌면 국가가 인구동태를 고려해 필요한 인구를 생산하려고 할지도 모릅니다. 인간을 인공적으로 만들어낼 수 있는 기술이 완성되면 인간이 인간을 만들어내는 기술은 국가의 통제 하에 놓일 가능성도 있습니다.

아이는 자연스럽게 태어나는 존재가 아니라 인공적으로 만들어내서 모두 함께 키우는 것, 혹은 전문적으로 아이를 키우는 사람이 키우는 것으로 개념이 바뀌게 되면 부모 자식이란 관계가 애초에 존재하지 않는 것으로 가치관이 변화할 것입니다. 말도 안 된다고 지금은 생각할 수 있지만 기술이 발전하면 그런 미래가 온다 해도 전혀 이상할 것이 없습니다.

실제로 생식기술의 진보는 이미 조금은 두려운 미래가 펼쳐질 정도의 단계까지 와 있습니다.

완전한 복제인간을 만드는 것은 허용되지 않는다 하더라도 인간의 장기를 만드는 것은 이미 시작됐습니다. 의료 목적으로 iPS 세포에서 여러 장기를 만들어내는 연구가 이미 진행 중이고 앞으로는 장기이식용 복제인간을 만들 가능성도 있습니다. 소설 〈가축인 야푸〉[28]에 등장하는 세계입니다. 뇌는 없고 오로지 장기를 적출하기 위한 복제인간이 태어날지도 모릅니다. 물론 인류가 이

---

28 가축인 야푸(家畜人ヤプー):1956년부터 연재되기 시작한 누마 쇼조(沼正三)의 장편 SF/SM 소설

렇게 되는 것을 원하지 않지만 인간의 욕망은 끝이 없으니 현실이 될 가능성은 있다고 봅니다.

돼지 췌도 세포의 인간 이식은 이미 실용화 단계

인간에게 심장 이식이 필요할 때 뇌사자로부터 적출한 심장을 사용합니다. 장기를 기증할 뇌사자가 없으면 이식을 할 수 없다는 뜻입니다. 그래서 현재 연구가 활발히 진행되는 것이 이종이식입니다.

인간과 비슷한 심장을 가진 동물로는 원숭이가 있습니다. 그래서 예전에는 개코원숭이의 심장을 인간에게 이식했었는데 원숭이 심장을 인간에게 이식하는 것은 윤리적으로 문제가 있다는 지적이 나와 현재는 하고 있지 않습니다.

대신 지금은 돼지의 심장을 인간에게 이식하는 연구를 하고 있습니다. 돼지 심장은 구조가 인간의 심장과 비슷합니다. 일반적인 돼지는 체중이 200~360kg이라 심장 크기가 맞지 않지만 새끼 돼지에서 적출하면 사이즈가 적당합니다. 이식 후 심장이 자라 더 커지는 일은 없습니다.

또 미니돼지라 불리는 체중 50kg 정도의 돼지도 있습니다. 미니돼지의 심장은 크기가 인간의 심장과 비슷합니다. 돼지는 인간이 식용으로 이용할 정도니 동물윤리적인 면에서도 문제가 없습니다.

물론 보통 돼지의 심장을 인간에게 이식하면 초급성 거부반응(hyperacute rejection)이 일어납니다. 따라서 인간의 유전자를 도입했거나 돼지의 특정 유전자를 없앤 형질전환 돼지도 나왔고 복제 기술의 발달로 인간에게 이식해도 거부반응이 없는 돼지가 개발되었습니다.

형질전환 돼지의 심장을 인간에게 이식하기 이전에 먼저 돼지에서 원숭이로 심장 이식 실험이 이루어졌습니다. 현시점에서는 이식 후 몇 달은 유지가 되고 있는 수준입니다. 몇 달이 짧다고 느끼실지 모르지만 자신에게 맞는 인간심장이 없을 때 몇 달에 한 번씩 돼지 심장을 새로 이식하며 이식용 인간 심장이 나올 때까지 살아 기다릴 수 있습니다.

형질전환 돼지의 장기를 사용한 이종이식 실험은 1990년경부터 활발히 이루어지다가 1996년에 런던대학 연구팀에 의해 돼지 게놈에서 제거 불가능한 감염성 내재성 레트로바이러스가 들어있다는 사실이 밝혀지며 WHO(세계보건기구)가 실용화를 금지했습니다.

그 후 약 20년간 안전성에 관한 연구가 이루어졌고 현재는 이식용 돼지를 이용한 이종 이식 실험이 재개되고 있습니다. 돼지의 췌장에서 유래한 췌도 세포(이자의 랑게르한스섬[29] 세포)를 인간에게 이식하는 것이 이미 해외에서는 이루어지고 있습니다.

iPS세포를 이용하면 이론적으로는 모든 장기를 만들어낼 수 있지만 실제 시험관 안에서 만들어낼 수 있는 장기는 제한적입니다. 예를 들어 복잡한 구조의 장기를 시험관 안에서 만들기는 힘들기 때문에 동물의 체내에서 인간의 장기를 만들어내는 기초적인 연구가 현재 진행 중입니다. 인간의 iPS세포를 이용해 동물의 체내에서 인간세포에서 유래한 장기를 만드는 방법입니다.

이때 문제가 되는 것이 내재성 레트로바이러스입니다. 동물에는 인간에게 감염되는 내재성 레트로바이러스가 있을 수 있는데 그런 동물의 몸 속에서 만들어진 장기를 인간에게 이식해도 되는 것인가 하는 문제입니다. 돼지의 경우는 인간에게 감염될 가능성이 있는 내재성 레트로바이러스를 거의 다 제거한 돼지(넉아웃 돼

---

29 랑게르한스섬(Langerhans islets 膵島): 췌장에 위치하고 있으며, 세포가 모여서 섬처럼 보이는 내분비 조직. 글루카곤, 인슐린 등의 호르몬을 분비하여 체내의 혈당을 조절한다. 독일의 병리학자 랑게르한스가 발견.

지)도 개발돼 있습니다. 하지만 동물이 태어 날 때에는 내재성 레트로바이러스가 관여하고 있기 때문에 내재성 레트로바이러스를 완전히 제거한 동물을 만들어낼 수는 없습니다.

이렇게 윤리적인 장벽이 존재하기는 하지만 기술의 혁신은 꾸준히 이루어지고 있습니다. 레트로바이러스에 대한 연구가 더욱더 진행되면 생명기술은 훨씬 더 발전할 것입니다.

하지만 계속 반복해서 얘기하지만 이러한 일들이 인류에게 좋은 일인지 여부는 알 수 없습니다. 아무리 노력해도 인간은 불로불사의 존재가 될 수는 없습니다. 또 가족의 개념이 없어진다는 것도 포유류인 인간의 입장에서는 매우 슬픈 일이 아닐 수 없습니다. 후세 사람들에게 이 문제는 중요한 화두로 대두될 것입니다.

레트로바이러스는 암에도 효과가 있는가

그러면 내재성 레트로바이러스에 관해 지금까지 말씀드리지 못한 것들을 포함해 정리해 보겠습니다.

내재성 레트로바이러스가 담당하는 생리기능은 적어도 네 가지로 알려져 있습니다.

첫째, 태반의 형성입니다. 태반이 형성되는 데 있어 내재성 레트로바이러스는 없어서는 안 될 존재입니다.

두 번째는 1980년대부터 알려진 사실로 일부 병원성 레트로바이러스의 감염을 방지합니다. 내재성 레트로바이러스가 병원성 레트로바이러스의 감염을 막는 역할을 한다는 것은 거의 확실한 사실로 여겨지고 있습니다.

세 번째는 숙주의 유전자 발현을 조절하는 역할입니다. 이것도 밝혀진 지 꽤 된 사실인데, 이 책에서 거의 다루지 못했지만 숙주의 유전자 발현에 내재성 레트로바이러스가 관여하고 있습니다.

네 번째는 iPS세포의 초기화와 분화에 관여하는 역할입니다. iPS세포의 초기화나 그 유지에 내재성 레트로바이러스가 관여한다는 사실이 알려져 있습니다.

이밖에 저희 연구팀이 주목하고 있는 것이 내재성 레트로바이러스와 암 전이의 관계입니다. 일부 암의 전이에도 레트로바이러스가 관여 합니다.

태반에 배반포가 파고드는 양상은 암세포가 조직에 파고드는 과정과 거의 비슷합니다. 실제로 암세포는 배반포가 태반을 파고들 때와 같은 효소를 배출한다는 것도 밝혀졌습니다. 면역체계에서 자유롭다는 점도 암과 태반의 공통점입니다.

파충류나 조류에서도 암이 발생하지만 암의 전이는 포유류에서만 일어납니다. 포유류는 진화 과정에서 태반을 갖게 되면서 태아가 모체의 조직을 파고드는 시스템과 면역체계를 피할 수 있는 시스템을 갖추지 않을 수 없게 되었습니다. 그래서 인간이 오랜 세월을 살아가는 동안 그 시스템이 제어가 되지 않는 시기가 찾아오는데 그것이 암 발생이나 전이와 어떤 관계가 있지 않을까 하는 것이 제가 세운 가설입니다.

포유류가 암의 전이로 고통을 받는 것은 태반을 갖게 된 반대급부가 아닐까 하는 생각이 듭니다. 태반이라는 조직이 있음으로 인해 포유류는 자손을 많이 만들어내기에 유리한 상태가 되었습니다. 하지만 그 대신 임신 중에 면역체계가 약해지고 그것이 암의 발생과 전이를 일으키는 것이 아닐까. 이것이 제 가설입니다. 아니, 망상일 지도 모르지요.

실제로 암세포는 여러 가지 내재성 레트로바이러스 유래 물질과 바이러스 입자를 배출합니다. 생쥐 실험으로 전이성 암의 일종인 흑색종(melanoma)에서 발현하는 내재성 레트로바이러스를 제거했더니 암의 전이가 멈췄다는 논문도 나와 있습니다. 바로 이 점에 착안한 것입니다.

예를 들어 악성 유방암이나 대장암에 특이적으로 발현하는 내재성 레트로바이러스를 발견해서 그것을 제거하면 암의 전이를 막을 수 있는 가능성이 있지 않을까 합니다. 실제로 현재 동물실험으로 이를 증명하기 위해 연구를 진행하고 있지만 안타깝게도 예산이 부족해 아직 생각만큼 진척되고 있지 않은 상태입니다. 이런 선구적인 연구에 대해 일본에서는 연구비 예산을 따내기가 무척 어렵습니다. 어디서 지원이 들어오면 참 좋을 텐데 말입니다.

제7장

생물의 진화에 공헌해온 레트로바이러스

진화에는 게놈 콘텐츠 증대가 필요하다

생물이 크게 진화하면 반드시 게놈의 기존 콘텐츠(숙주의 DNA)가 증대됩니다.

- 20억년 전 원핵생물에서 진핵생물로 진화했을 때 DNA의 중복이 일어났고 게놈 사이즈가 커졌습니다.
- 10억년 전 단세포생물에서 다세포생물로 진화했을 때도 다세포화(化)를 위해 게놈 사이즈가 증대됐습니다.
- 5억 년 전 무척추동물에서 척추동물로 진화했을 때도 게놈 사이즈가 증대됐습니다. 무악류[30]가 태어났고 어류와 파충류가 생겨났습니다.

이렇게 세 번(원핵→진핵, 단세포→다세포, 무척추동물→척추동물)의 대 진화 때마다 게놈이 크게 증대됐는데, 증대되는 방법은 '중복'입니다.

한 세트의 DNA가 두 세트가 되고, 두 세트가 네 세트가 되는 식입니다. 네 세트 정도 되면 한 세트가 크게 바뀌어도 세 세트는

30 무악류(無顎類 Agnatha): 척추동물의 한 강. 가장 하등한 척추동물로서 아래위턱이 없고 입은 원형의 빨판 모양이며 날카로운 치열이 있다. 먹장어·칠성장어 등이 있다.

그대로 남아 있게 됩니다.

생물은 게놈 DNA를 증대시키며 진화해 왔습니다.

그리고 레트로 트랜스포존도 그런 역할을 담당합니다.

하지만 이 세 번의 게놈 증대에서는 아직 레트로 트랜스포존이 적어서 게놈을 크게 증대시키지는 못했습니다.

5장에서 언급했듯이 인간은 30억 개의 염기쌍을 가지고 있는데 그 중 많은 부분을 레트로적 인자들 즉 레트로 엘리먼트가 차지합니다. 약 40% 이상이 레트로 트랜스포지션(복사&붙이기)이 이루어지는 레트로 엘리먼트라고 할 수 있습니다.

포유류의 레트로 엘리먼트가 급격히 증가하기 시작한 것은 약 6550만 년 전 공룡이 멸종된 이후라고 생각되고 있습니다. 이 시기 이후에 포유류는 다양한 생물로 분화됐는데, 제 생각에는 그때 레트로 엘리먼트가 사용된 것이 아닌가 합니다.

포유류는 지금부터 2억 2500만 년 전인 중생대에 지구상에 출현했습니다. 아직 공룡이 존재하던 시기였고 초기 포유류는 그렇게 큰 사이즈가 아니었습니다. 커봤자 몸길이 수 십 센티미터 정도였다고 합니다. 곤충을 잡아먹으며 근근이 살아가던 포유류는 대부분이 공룡에게 잡아먹힐 운명이었겠지요.

그런데 약 6550만 년 전에 공룡이 멸종하고 맙니다. 지구상에서 공룡이 없어지니 그 빈 자리를 포유류가 차지하게 되었고 그 시기에 포유류가 급격히 다양화된 것입니다. 처음에는 비교적 단순한 포유류에 지나지 않았던 것이 점점 다양화되어 하늘을 나는 박쥐도 생기고 인간에 가까운 원숭이 종류, 그리고 바다 속에는 돌고래나 고래, 듀공 등이 생겨났습니다. 체격도 초기에는 최대 수십 센티미터였지만 맘모스나 고래처럼 거대한 포유류도 등장하게 되었습니다.

생물이 다양화된다는 것은 물론 설계도인 게놈DNA가 변경되어야 가능합니다.

이렇게 설계도를 바꾸는 원동력이 된 것이 레트로 트랜스포지션을 하는 레트로적 인자들(내재성 레트로바이러스, SINE, LINE)일 것입니다. 레트로 트랜스포지션은 복사해서 붙이기(copy&paste)이므로 복사 하면 할수록 DNA는 증대됩니다.

피부 진화에 사용된 레트로바이러스

우리 인간을 포함해 포유류는 원래 어류에서 양서류, 단궁류

(synapsid), 포유류로 진화해 왔습니다.

이 과정에서 필연적으로 피부 구조를 바꿀 수밖에 없었습니다. 어류일 때는 물속에서 살다가 육상으로 올라오면서 피부가 대기와 접촉하게 되었고 건조함을 견딜 수 있는 피부로 바뀌어야 했습니다. 그래서 어류일 때는 다층상피였던 것이 양서류에 이르면 각화중층편평상피로 진화하면서 건조함을 어느 정도 견딜 수 있게 되었습니다. 양서류는 미숙한 각질층밖에 없었지만 대부분 육지에서 생활하는 파충류로 되자 견고한 각질층피부를 가지게 되었습니다.

일반적으로 포유류는 항상 육지에서 생활합니다. 포유류의 피부는 건조함을 더 견뎌야 했고 그 결과 보습이 가능한 부드러운 각질층의 보호막을 갖게 되었습니다. 이것은 실로 대단한 진화입니다.

포유류 피부의 가장 안쪽에 있는 것이 어류 시대의 층인데 건조함을 견디기 위해 그 위에 3개의 세포층이 덧붙여진 것입니다(과립층). 바깥쪽으로부터 1층, 2층, 3층이 겹겹으로 되어있고 두 번째 층의 세포는 세포끼리 단단히 붙어있는 밀착연접(tight junction)으로 되어 있습니다. 이 부분이 탄탄한 보호막이 되어 안쪽을 보호하고 피부 안에 습도가 유지되도록 하고 있습니다.

이화학연구소[31]의 마츠이 다케시 교수는 피부 진화 과정에서 어떤 특별한 유전자를 획득하고 있는 것은 아닐까 생각하고 연구를 진행했습니다. 그리고 피부의 과립층 중 첫 번째 층의 세포(SG1 세포)에서 특이적으로 발현하는 단백질을 발견했는데 그것이 바로 SASPase라는 효소입니다.

SASPase를 넉아웃한 누드 생쥐(털이 없는 쥐)를 만들어 보니 피부가 거칠어지고 건성 피부가 됐다고 합니다.

보습 성분은 피부의 과립층에 있는 프로필라그린(profilaggrin)이라는 물질이 각질층에서 분해되어 필라그린이 되고 최종적으로 천연보습성분의 대부분을 형성합니다. SASPase가 없는 쥐는 프로필라그린을 분해하지 못하고 최종 보습성분을 만들지 못한다는 사실이 밝혀져 있습니다.

SASPase라는 효소의 배열은 다른 효소의 배열과는 달리 고대의 레트로바이러스에서 유래한 것으로 레트로바이러스형 '아스파라긴산 프로테아제'와 같은 배열이라는 것이 판명되었습니다. 고대에 감염됐던 레트로바이러스의 염기서열이 게놈 DNA 안에 그대

---

31 이화학연구소(理化學硏究所 Rikagaku Kenkyusho): 일본 문부과학성 산하 과학기술연구소

로 들어갔고 그렇게 만들어진 SASPase가 포유류의 피부 표면에 작용해 보습을 유지하고 있는 것으로 생각됩니다.

다만 척추동물이 바다에서 육지로 올라와 살게 된 것은 3억 6500만 년 전이고 포유류가 생겨난 것은 2억 2500만 년 전의 일입니다. 너무 오래전 일이라 확실한 결론을 내리기는 힘들지만 아마도 다음과 같은 일이 일어났으리라 생각됩니다.

고대에 감염된 레트로바이러스가 게놈 DNA에 새로운 배열을 덧붙여 내재성 레트로바이러스로서 생물에 대대로 계승되어갔습니다. 그리고 이 내재성 레트로바이러스 배열을 이용해 효소를 만들어 건조하지 않도록 보습 성분을 만들 수 있게 됐고 이런 진화 덕분에 포유류가 땅 위에서 살아가는 데 있어 최적의 피부를 얻게 된 것입니다.

생물은 피부의 기능을 조금씩 바꾸며 어류에서 양서류로, 양서류에서 파충류로, 파충류에서 포유류로 적응진화 했습니다. 이 과정에는 고대의 레트로바이러스가 관여하고 있다고 생각됩니다.

DNA를 바꿀 수 있는 레트로바이러스는 숙주와 상호 연관을 맺고 있습니다. 숙주에게 질병을 일으키는 레트로바이러스도 있지만 전체적으로 살펴보면 레트로바이러스는 생물이 진화하도록 하는 공을 세웠습니다.

생물과 레트로바이러스는 상호작용하면서 진화하는 '공진화(coevolution)'의 과정을 거쳐 왔습니다.

초기 포유류는 알을 낳았다

이제 지구와 생물의 역사를 되짚어 보겠습니다.

약 46억 년 전에 지구가 생성됐고 약 38억 년 전에는 생명이 탄생했습니다.

5억 4100만 년 전~2억 5190만 년 전은 고생대, 2억 5190만 년 전~6550만 년 전은 중생대, 6550만 년 전~현재가 신생대입니다.

중생대에는 공룡이 번성했지만 6550만 년 전에 공룡이 멸종되고 나서 신생대는 '포유류의 시대'가 되었습니다.

여기서 포유류의 시대라는 표현을 썼지만 이것은 인간 입장에서 붙인 명칭입니다. 생물의 몸을 구성하고 있는 탄소 중량으로 비교해보면 포유류보다 식물이 압도적으로 탄소 중량이 크고 그 다음이 곤충입니다. 인간은 개미를 무시하지만 개미 전체의 탄소 중량과 인간 전체의 탄소중량은 거의 같을 것으로 추측됩니다.

지구 규모로 봐도 포유류가 차지하는 비율은 극히 미미합니다. 만약에 외계인이 지구를 발견하면 아마 '곤충 행성'이라고 생각할 것입니다. 그런데도 신생대를 포유류의 시대라고 표현한 것은 현재 지구상에서 인간을 포함한 포유류가 마치 주인인 양 떵떵거리고 있기 때문입니다. 우리는 인간이라서 특별하다고 생각해서는 안 됩니다. 이 지구상에는 다양한 생물이 살아가고 있습니다.

포유류의 시조는 중생대 초기인 2억 2500만 년 전에 나타났습니다.

그런데 만약 누군가 필자에게 '포유류란 무엇인가?'라는 질문을 한다면 저는 잘 모른다고 대답할 것입니다. 포유류의 태반이 갖춰진 것은 약 1억 5천만 년 전이니까 초기의 포유류는 태반이 없었을 것입니다. 이 말은 초기의 포유류는 알을 낳았다는 의미입니다.

알을 낳았는데 포유류라 부르는 것은 이치에 맞지 않는다고 생각하는 사람도 있을 겁니다. 먹일 포(哺)에 젖 유(乳)이니까 젖을 먹이는 부류라는 뜻이지요. 하지만 초기 포유류의 뼈를 조사해도 젖이 나오는 상태였는지는 확실하지 않습니다. 단지 안와(안구가 들어가는 두개골의 움푹 들어간 부분)나 뼈 구조를 보고 포유류였을 것이라고 미루어 짐작할 뿐입니다. 여기서 포유류의 탄생이라고 하는 것은 정확히 말하면 포유류의 조상에 해당하는 동물의 탄생을 말합니다.

현재 최초의 포유류로 알려져 있는 것은 아데로바시레우스(Adelobasileus cromptoni)인데 상상해서 그린 그림에는 털이 있지만 실제로는 뼈밖에 발굴되지 않았으므로 실제로 털이 있었는지는 알 수 없습니다. 너무나 먼 옛날에 존재했던 동물이라 실상을 아는 것이 별로 없습니다. 포유류의 특징인 횡격막도 언제 생겨났는지 알려지지 않았습니다.

'공룡의 멸종에도 레트로바이러스가 관여했다'는 가설

생물의 진화나 다양성에는 대륙의 이동이 큰 영향을 끼쳤습니다.

약 2억 1천만 년 전인 트라이아스기(Triassic period, 중생대)에 테티스해(Tethys Ocean–지중해 주변지역에서 중앙아시아, 히말라야를 거쳐 동남아시아까지 이어져 있었던 바다로 추정 됨)와 북대서양이 이어지면서 판게아대륙[32]이 두 개의 대륙으로 갈라졌습

32 판게아(Pangaea): 1915년 A.베게너가 대륙이동설을 제창하였을 때 제안한 가상의 원시대륙

니다. 북쪽이 로라시아(Laurasia)대륙, 남쪽이 곤드와나(Gondwana)대륙입니다. 로라시아대륙은 현재의 북아메리카대륙과 유라시아대륙이고 곤드와나대륙은 그 외의 모든 대륙입니다. 일본 열도는 아직 로라시아대륙에서 분리되지 않은 상태였습니다.

이 시기는 공룡의 시대인데 로라시아대륙에는 현재 로라시아테리아(Laurasiatheria)라 불리는 한 무리의 포유류 조상 동물이 살고 있었습니다.

그 후 곤드와나대륙이 분열해서 약 6550만 년 전인 백악기 말기에 남극과 오스트레일리아가 분리되었습니다. 대륙에서 떨어져 나간 오스트레일리아대륙에서는 특이한 생물들이 진화해 나갔습니다.

백악기 말기에 공룡은 멸종되고 포유류가 살아남았습니다.

공룡의 멸종은 거대 운석이 지구에 충돌한 것이 원인이라는 것이 통설입니다. 하지만 운석이 떨어졌는데 왜 공룡은 멸종되고 포유류는 살아남았을까요(조류는 공룡의 후예이므로 공룡이 완전히 멸종된 것은 아닙니다). 필자는 거대 운석은 그저 공룡의 멸종에 쐐기를 박았을 뿐 그 전부터 이미 멸종을 향해 가고 있었을 것이라 생각하고 있습니다. 그래서 게놈 붕괴설을 주장하고 있습니다.

공룡도 레트로 트랜스포존으로 게놈을 변화시키려 했겠지만 어느 시점에서 제어가 불가능해져 급속도로 멸종을 향해 가지 않았나 생각합니다. 공룡은 처음에 진화를 위해 게놈의 개조를 허용해 개조에 성공했지만 그보다(개조한 것 보다) 더 강한 레트로바이러스가 나오는 바람에 더 이상 개조를 막지 못하게 되었고 결국 조절 불가능한 상황에 이르러 생식률이 낮아져서 멸종된 것이라는 가설입니다. 이런 필자의 가설이 맞는지 틀렸는지는 아마 필자가 살아있는 동안에는 증명할 수 없을 것입니다.

제가 이런 가설을 진지하게 연구하고 있는 이유는 공룡뿐 아니라 포유류도 멸종의 위기를 맞이할 수 있다고 생각하기 때문입니다.

우리 생물에게 게놈 DNA란 매우 중요한 것이라서 레트로바이러스가 맘대로 DNA를 바꾸도록 그냥 내버려두지는 않습니다. 쉽게 바꾸지 못하게 이런저런 방어 시스템을 구축해 놓고 있지요. 하지만 레트로바이러스의 일종인 HIV(human immunodeficiency virus 인체면역결핍바이러스)는 인간의 방어 시스템을 뛰어넘는 인자(Vif단백질)를 만들어 DNA에 침입합니다. 아직까지는 생식세포가 수용체 때문에 HIV 감염으로부터 완전히 방어를 이루고 있지만 생식세포에 감염을 일으키는 레트로바이러스가 그 유전자를 획득하게 된다면 문제가 커집니다. 다시금 생식세포에 유전자를 적극적으로 삽입하는 레트로바이러스가 출현할지도 모릅니다.

DNA가 바뀜으로 인해 진화가 일어날 가능성도 있지만 시스템이 망가지면서 생식률이 낮아지고 눈 깜짝할 사이에 멸종될 가능성도 있습니다. 그래서 공룡(의 후예인 조류)을 연구하면 진화와 멸종에 관해 뭔가 알아낼 수도 있지 않을까 하는 생각이 듭니다.

공룡이 멸종된 후에 포유류는 레트로바이러스에 의한 게놈의 개조를 허용함으로써 태반을 개량하는 등의 진화를 거듭했습니다. 그러나 그 후에 다행히도 게놈 개조를 차단하는 시스템을 잘 구축했기 때문에 극단적인 게놈 개조가 일어나지 않았고 멸종하지 않고 현재까지 살아남은 것인지도 모릅니다.

현생 인류도 언젠가는 멸종되고 다음 진화가 이루어진다

인류의 역사에 관해서도 여러 가지 설이 있지만, 약 1300만 년 전에 인간의 조상 동물이 탄생했다는 것이 가장 유력한 설입니다.

그 후에 오스트랄로피테쿠스, 호모에렉투스페키넨시스(Homo erectus Pekinensis 북경원인), 네안데르탈인 등이 탄생했습니다. 이들 화석인류는 멸종됐지만 네안테르탈인은 어쩌면 원생인류와 혼혈이 이루어졌을 가능성이 있습니다.

현재의 호모사피엔스가 탄생한 것은 약 20만 년 전(30만 년 전이라는 설도 있음)입니다. 인류의 역사는 46억 년이라는 지구 역사에 비하면 매우 짧은 것입니다.

인류는 영원히 존재할 것이라고 생각할 수도 있지만 생물학적으로 보면 현생 인류가 앞으로 100만 년은커녕 10만 년이라도 생존할 수 있을지 아무도 모르는 상황입니다. 앞으로 본격적인 빙하기가 올 수 있고 엄청난 화산폭발이 있을 수도 있습니다. 기후변화가 급격히 일어날 수 있습니다.

현재의 인류가 이만큼 문명을 발달시키고 번영하고 있는 것은 과거 수천 년 동안 운 좋게 지구에 큰 자연재해가 없이 안정되었기 때문입니다. 지구에 또 빙하기가 찾아오거나 대규모의 화산폭발, 혹은 태양 재해가 일어나 인류와 문명이 한순간에 사라질 가능성은 얼마든지 존재합니다. 연구자들은 그때를 대비해 어떻게 하면 다음 문명으로 현재의 지식을 전달할 수 있을 것인가에 대해 진지하게 논의하곤 합니다. 하드디스크나 SSD 메모리에 담아 남겨봐야 다음 문명이 그 정보를 읽어낼 수 없으면 소용이 없습니다.

어쨌든 현생 인류가 10만 년 후 혹은 100만 년 후에 멸종된 다음 현생 인류와는 다른 어떤 생물이 출현할 수도 있습니다. 지금의 인류는 언젠가는 멸종될 것입니다. 이것은 자연의 섭리이니 슬퍼할 일이 아닙니다.

필자가 인류는 반드시 멸종된다고 하면 많은 사람들이 충격이라고 하지만 인류 멸종은 필연적인 것입니다.

생물 중에는 몇 백만 년, 몇 천만 년, 몇 억 년 생존하고 있는 종도 있지만 인류는 지금까지 화석인류와 몇 번이나 교체되면서 존재해 왔습니다. 현생 인류가 20만 년 이어졌으니 이제 슬슬 바뀔 때가 가까웠다고 해도 과언이 아닙니다.

어쩌면 교체 스위치는 이미 켜졌을지도 모릅니다. 선진국에서는 인간의 생식률이 확연히 떨어지고 있습니다. 인간의 정자 수가 적어진 것입니다. 현미경으로 침팬지나 고릴라의 정자와 비교해 보면 인간의 정자는 운동 강도가 매우 떨어집니다. 생식능력이 저하됐다는 사실은 부정할 수 없습니다. 이대로 가면 미래에는 인류가 생식능력을 잃어버릴지도 모른다는 걱정을 감출 수 없습니다. 물론 앞에서도 말씀드렸다시피 과학기술이 발달해 인류를 대량생산하는 시대가 올지도 모릅니다.

또 갑작스런 재앙이 일어나 인류가 멸종될 가능성도 있습니다. 자연계는 가혹합니다. 커다란 운석이 지구와 충돌할 수도 있고 화산의 대폭발이 일어날 수도 있습니다.

마트나 편의점에서 뭐든지 살 수 있는 시대에서 갑자기 산으로 들로 사냥하러 가야 하는 시대로 바뀐다면 현대인들이 과연 살아남을 수 있을지 의문입니다.

물론 다시 아프리카 대륙에서 현생 인류를 대신할 영장류가 출현할지도 모르지만 그 후 다시 지구의 환경이 격변하면 역시 인류는 멸종될 것입니다.

하지만 그렇다고 생물 전체가 멸종되는 일은 적어도 수억 년 동안은 없을 것입니다. 인류가 없어져도 다른 생물이 번성할 수도 있습니다. 생물은 전체적으로 보면 진화를 계속해 나갈 것입니다. 하지만 언젠가는 바다도 다 말라서 없어질 것이고(약 6억 년 후로 예상) 그렇게 되면 아주 하등한 생물만 살아남을 것입니다. 나아가 지구가 태양에 흡수되면 지구상의 생명은 모두 사라집니다.

우주선이 레트로 트랜스포존을 활성화한다?

코로나19 바이러스(SARS-CoV-2)의 '코로나'라는 단어는 원래 태양의 코로나에서 온 것이라고 말씀드렸습니다. 그 태양은 때때로 대규모의 폭발을 일으켜 코로나 질량 방출[33]을 하며 이때 전기를 띤 입자가 지구로 날아옵니다.

지구에는 자기장이 있으므로 지구의 외측에는 자기장 보호막이 있고 이 보호막이 태양 플레어[34]나 코로나 질량 방출로부터 우리를 지켜주고 있습니다.

플라즈마는 전기를 띤 입자이므로 자기 보호막에 닿으면 굴절되어 전리층에서 대기 중의 원자나 분자와 충돌해서 빛을 발하게 되는데 바로 오로라입니다. 실제로 북극에서 오로라가 보이면 그것과 같은 오로라를 남극에서도 볼 수 있습니다.

코로나 질량 방출이 크면 중위도에서도 오로라를 볼 수 있습니다. 실제 문헌에도 그런 기록이 남아 있습니다.

---

33 코로나 질량 방출(Coronal mass ejection, CME): 코로나의 플라즈마 덩어리가 우주 공간에 뻗어나가는 현상. 이 경우 플라즈마란 특히 전자와 분리된 원자핵이 날아다니는 상태를 의미한다.

34 태양 플레어(flare): 태양 표면에서 발생하는 폭발 현상.

일본의 고대 문헌 중에 적기(붉은 빛)라는 표현이 나오는데, '서쪽 하늘에 적기가 보였다'라고 기록하고 있습니다. 일본 각지의 하늘에서 같은 날 적기가 보였다는 기록이 있다면 그것은 화재가 아니라 오로라일 가능성이 높습니다.(*우리의 조선왕조실록 등에도 적기赤氣, 백기白氣 등의 기록이 나옴 – 편집자 주) 같은 날 각지에서 동시에 화재가 일어나지는 않을 테니까요.

해외의 오래된 문헌과 비교해서 만약 같은 날짜에 붉은 빛(적기)이 보였다는 기록이 있다면 그것은 틀림없는 오로라입니다. 바꾸어 말하면 그날 지구는 매우 대규모의 코로나 질량 방출을 받았다는 뜻이 됩니다.

예를 들어 중세시대 같으면 대규모 코로나 질량 방출이 일어나도 사회적으로 별 영향이 없었을 것입니다. 하지만 현대 사회는 거대한 코로나 질량 방출이 일어났을 때 큰 혼란에 빠지게 됩니다. 송전선에 거대한 전류가 흐르게 되고 그 전류가 발전소로 흘러가 발전 시설의 터빈을 파괴시켜 버립니다.

전 세계적으로 모든 전원 공급이 멈추는 암흑의 세계가 오는 것입니다. 동일본대지진 당시 후쿠시마의 원자력발전소에서 일어났던 전원 공급 정지 상태가 지구상 모든 곳에서 일어난다면 대규모 발전시설을 복구하는 데는 시간이 필요하므로 많은 지역에서 오랫동안 전기가 없는 생활을 해야 합니다.

미국은 대규모 코로나 질량 방출에 대비해 비상시에 송전선을 발전시설에서 분리하는 대책을 강구하고 있다고 합니다. 만약 태양이 대폭발을 일으켜 그것이 지구를 덮친다면 다행히 천문대에서 그것을 관찰할 수 있습니다. 코로나 질량 방출이 태양에서 지구까지 도달하는 데는 1.5~3일 정도가 걸린다니 그동안에 송전선 분리 시스템을 가동하면 대재앙을 막을 수는 있습니다. 하지만 그래도 여전히 다수의 인공위성이 고장 날 가능성은 남아 있습니다.

그리고 만약 '천 년에 한 번' 찾아온다는 역대급 코로나 질량 방출이 일어나면 오존층이 파괴될 가능성이 있습니다. 그렇게 되면 파괴된 오존층으로 인해 몇 년간 지구상의 생물은 많은 자외선에 노출되고 기후변화도 일어날 수 있습니다.

지구의 오랜 역사 속에서 지구 자기장의 반전은 과거에 몇 번이나 일어났습니다. 지구의 자기장이 반대가 되려면 오랜 시간이 걸린다고 합니다. 지구 자기장이 반대가 되면 북극과 남극이 바뀝니다. 또 이 경우 지구의 자기장 보호막이 상당히 약해지는데 이럴 때 코로나 질량 방출이 일어난다면 지구상의 생물들에 미치는 영향은 상당히 클 것입니다.

이런 것들이 물론 엄청난 재앙이기는 하지만 바이러스와는 무슨 관계가 있냐고 생각할 수도 있습니다. 그런데 관계가 있습니다. 필자가 코로나 질량 방출이나 지구 자기장의 반전 같은 테마에 관심을 갖는 이유가 궁금한가요? 그 이유는 방사선이나 우주선(cosmic ray[35])에 의해 레트로 트랜스포존이 활성화 된다는 사실을 알고 있기 때문입니다.

앞서도 밝혔듯이 생물의 레트로 트랜스포존이 활성화되면 생물의 진화를 촉진할 가능성이 있습니다. 지구 자기장의 반전이나 태양의 활동으로 강한 우주선이 지구에 내리쬐면 레트로 트랜스포존이 활성화되고 생물의 진화가 가속화되어 어쩌면 위기를 극복할 수 있을지도 모릅니다.

생물은 환경이 급변했을 때 생존을 걸고 유전자 속에 있는 적응 진화 프로그램의 스위치를 켜게 되는 건지도 모릅니다. 우리 몸 속에는 미지의 시스템이 갖춰져 있는 것이 아닐까 하는 생각이 듭니다.

---

35 우주선(宇宙線 cosmic ray): 우주에서 빠르게 지구로 날아오는 방사선

앞으로도 생물은 지구환경의 변화에 맞춰 계속 진화한다

식물에도 레트로 트랜스포존이 있습니다. 온도가 상승해 더운 환경에 노출되면 ONSEN이라는 레트로 트랜스포존이 활성화되어 레트로 트랜스포지션(복사&붙이기)이 일어납니다. 레트로 트랜스포지션이 활발해지면 세포 형질의 변화로 이어집니다. ONSEN은 일본어 온센(온천)에서 온 것으로 이 현상을 발견한 일본인이 이름 붙였습니다.

현재 지구의 기온은 인간이 살아가기 좋은 상태입니다. 하지만 미래에는 기온이 크게 상승할 지도 모르고 반대로 한랭화가 일어나 추워질지도 모릅니다.

그러면 만일 기온이 10도 상승했을 때 생물이 멸종되느냐 하면 그렇지는 않습니다. 고온에 적응하는 생물이 살아남을 것이고 또 고온에 적응한 새로운 생물이 생겨날 것입니다. 고온에 적응하기 위해서는 유전자가 변하거나, 발현을 제어하는 시스템이 바뀌어야 하는데 생물에게는 그런 위기관리장치가 있어서 유사시에 스위치가 켜지고 시스템이 작동하게 되는 것이 아닐까요.

위기관리 시스템의 스위치는 온도 외에 우주선(cosmic ray)에 의해서도 켜질 가능성이 있습니다. 태양 이외의 요인으로는 우주선의 일종인 감마선이 진화의 스위치를 켜는 역할을 맡고 있으리라 생각됩니다. 우주에서 오는 감마선은 평소에는 양이 그리 많지 않지만 초신성의 폭발이나 항성의 충돌이 일어나면 엄청난 양의 감마선이 방출되고(gamma ray burst) 지구에까지 도달할 가능성이 있습니다. 물론 그럴 확률은 희박하지만 수천 년 혹은 수억 년 단위로 보면 확률이 제로는 아닐 것입니다.

지구온난화가 환경문제로 크게 대두되고 있지만 사실 지금의 이산화탄소(CO_2) 농도는 중생대에 비하면 크게 낮습니다. 중생대의 CO_2는 현재의 약 2배~6배였습니다. 이렇게 CO_2 농도가 매우 높았기 때문에 중생대에는 식물 등 생물이 번성했습니다.

생물이 죽어 땅속에 묻혀 현대인들이 사용하는 에너지원인 석유와 석탄이 되었습니다.

중생대에는 CO_2 농도와 기온이 높았지만 생물은 번성했습니다.

앞으로 CO_2 농도가 올라가고 지구온난화가 점점 심각해지면 인간은 살기 힘들어질지 몰라도 생물 전체로 보면 큰 문제가 될 것 같지 않습니다. 오히려 더 번성할 가능성도 있습니다.

지구의 산소 농도는 큰 폭으로 변화해 왔습니다. 고생대 말기(페름기)에는 산소농도가 급격히 낮아졌습니다. 산소농도가 낮아지면 생물들은 호흡이 힘들어져서 멸종합니다.

페름기의 생물 대멸종은 지구의 산소농도가 급격히 저하된 것도 한 요인이라고 보고 있습니다. 파충류와 달리 포유류는 횡격막이 있어서 폐의 움직임만으로는 산소를 많이 들이마실 수 없습니다.

횡격막을 죽 내리면 폐가 부풀며 다량의 산소를 흡입할 수 있지요. 따라서 포유류는 몸의 구조가 산소농도가 저하되는 환경에서 살아남기에 더 유리한 지도 모릅니다. 단 저산소 상태에서는 임신을 유지하기 힘듭니다. 태아에게 충분한 산소를 공급할 수 없기 때문입니다.

참고로 포유류가 나중에 획득한 것으로 귓불과 이소골[36]이 있습니다. 원래는 이소골이 한 개였는데, 3개로 늘었습니다. 공룡시대에는 대낮에 활동하면 공룡에게 잡아먹힐 위험이 있기 때문에 포유류는 어쩔 수 없이 야행성 되었습니다. 아마도 밤의 어둠 속에서 곤충을 잡아먹어야 했기 때문에 청각을 발달시켜 곤충을 찾았고 이때 귓불이 생기고 이소골의 개수가 늘어난 것으로 추측합니다.

이런 몸의 변화가 일어나려면 게놈의 DNA에 개조가 일어나야

36 이소골(auditory ossicle, 耳小骨): 중이 안에서 고막과 전정창 사이에 위치하며 서로 연결되어 있는 3개의 작은 뼈

합니다. 그래서 트랜스포존이나 레트로 트랜스포존, 내재성 레트로바이러스 등이 깊이 관여하고 있다고 저는 생각하는 것입니다.

지구환경의 변화 속에서 생물과 바이러스는 몇 억 년 동안 '공진화(여러 종들 사이의 상호관계를 통한 진화적 변화)' 관계를 유지했을 가능성이 있습니다. 그런 관계를 알아내기 위해 필자는 앞으로도 연구를 계속해 나갈 생각입니다.

맺음말

제가 바이러스 연구를 처음 시작한 것은 1987년입니다. 인간 T세포백혈병바이러스에 대한 재조합 생백신을 개발하는 프로젝트였습니다. 그 후 34년간 레트로바이러스를 중심으로 연구를 계속했는데, 내재성 레트로바이러스(ERV)를 알고 난 후로는 ERV의 매력에 푹 빠져서 지냈습니다.

이 책에도 쓴 것처럼 내재성 레트로바이러스는 병원성 바이러스와는 달리 질병과 직접적인 관계가 없어서 연구를 위한 연구비 예산을 따내는 것이 무척 힘듭니다. 하지만 그렇다고 연구를 포기할 수는 없기에 병원성 바이러스 연구와 함께 내재성 바이러스 연구도 가늘고 길게 계속해 왔습니다.

제가 젊었을 때 상상하기로는 제 나이 45세 정도면 ERV 연구가 전성기를 맞이할 줄 알았습니다. 하지만 아직도 ERV 연구는 여명기 정도의 단계이고 앞으로 훨씬 더 발전하리라 생각됩니다. 이제야 겨우 ERV 연구의 출발점에 서 있는 느낌이라고나 할까요. 그런데 저는 이미 57세가 되었고 연구 인생도 이제 얼마 남지 않았습니다. 실로 "소년이로학난성(少年易老學難成 - 소년은 쉽게 늙고 학문은 이루기 어렵다)"를 느낍니다. 다음 세대, 또 그 다음 세대가 이 연구를 계속해서 인류의 발전에 공헌하기를 바랍니다. ERV 연구는 당장에 의학에 활용되는 분야는 아니지만 미래에 반드시 많은 기여를 할 것입니다. 노벨 생리의학상도 꿈 얘기가 아닙니다.

이 책에서 말하고 싶었던 것 중 하나가 '바이러스는 결코 잘못이 없다'는 입니다. 동물이든 식물이든 세균이든 바이러스든 지구상의 모든 살아있는 것들은 상호작용을 하면서 생명 유지에 힘쓰고 있습니다. 바이러스가 없으면 인간도 동물도 지금처럼 진화하지 못했을 것입니다. 지구 전체가 하나의 생명체라는 점, 지구의 생명체가 우주와도 관련이 있다는 점을 바이러스를 통해 인식했으면 하는 것이 제 바람입니다.

현재 코로나19를 둘러싸고 전 세계 여론이 둘로 갈라졌습니다. 갈라진 것만이 아니라 갈라져서 서로 싸우고 있습니다. 저는 이 사실이 매우 안타깝습니다. 이런 시기에 이 책을 출판함으로써 바이러스의 진정한 모습을 널리 알리고 코로나19의 존재도 있는 그대로 바라보고 냉정하게 대처할 수 있기를 희망합니다.

오늘은 봄의 오히간[37]이 시작되는 날입니다. 교토에는 벚꽃이 피기 시작했습니다. 하루하루 달라지는 자연의 모습을 보며 모든 분들이 온화한 마음으로 지내셨으면 합니다.

이 책의 출판에 있어 많은 분들이 힘이 되어 주셨습니다. 도카이대학(東海大學) 의학부 나카가와 소(中川草) 교수님, 도카이대학 종합농학연구소 이마카와 가즈히코(今川和彦) 교수님, 고베대학(神戸大学) 의학부 아오이 다카시(青井貴之) 교수님, 아오이(고야나기) 미치요(青井(小柳)三千代) 교수님, 교토대학 영장류연구소 오카모토 무네히로(岡本宗裕) 교수님, 도쿄농공대학 농학부 미즈타니 데츠야(水谷哲也) 교수님, 교토시립예술대학의 이소베 히로아키(磯部洋明) 교수님, 도쿄의과치과대학 이시노 후미토시(石野史敏) 교수님, 아이치의과대학병원의 고바야시 다카아키(小林孝彰) 교수님께서 이 책을 쓰는 데 많은 도움을 주셨습니다. 깊은 감사의 말씀을 드립니다.

또한 교토대학 바이러스/재생의과학연구소(구 바이러스연구소)의 미야자와 연구실 소속 학생들, 졸업생들, 비서 여러분도 많

---

37 오히간(お彼岸): 선조를 공경하여 돌아가신 분들을 추모하는 날로서 봄·가을 두 차례 춘분과 추분을 사이에 두고 전후 3일간씩.

은 힘이 돼 주셨습니다. 이 책에서 소개된 연구 대부분이 이분들의 손으로 이루어졌고 저는 그저 격려했을 뿐입니다.

마지막으로 제 대학 시절 은사님이신 고 미카미 다케시(見上彪) 교수님(전 도쿄대학 명예교수), 저를 바이러스 연구의 세계로 이끌어주신 하야미 마사노리(速水正憲) 교수님(교토대학 명예교수), 야마노우치 가즈야(山内一也) 교수님(도쿄대학 명예교수), 가와키타 마사오(川喜田正夫) 교수님(도쿄대학 명예교수)께 깊은 감사의 말씀을 올립니다.

미야자와 타카유키

제1장 새롭게 출현할 가능성이 있는 동물계의 바이러스

1. 日沼頼夫 (2003) 日本ウイルス学会の歩み：私記 ウイルス (2003) 53(1):59-61. (予測ウイルス学の提唱)
2. Düx A, Lequime S, Patrono LV, Vrancken B, Boral S, Gogarten JF, Hilbig A, Horst D, Merkel K, Prepoint B, Santibanez S, Schlotterbeck J, Suchard MA, Ulrich M, Widulin N, Mankertz A, Leendertz FH, Harper K, Schnalke T, Lemey P, Calvignac-Spencer S (2020) Measles virus and rinderpest virus divergence dated to the sixth century BCE. *Science* 368(6497): 1367-1370. (麻疹ウイルスの起源)
3. Summers BA, Appel MJ (1994) Aspects of canine distemper virus and measles virus encephalomyelitis. *Neuropathol Appl Neurobiol* 20: 525-534. (イヌジステンパーウイルス〔CDV〕による大型ネコと海棲哺乳類の大量死)
4. Ikeda Y, Nakamura K, Miyazawa T, Chen MC, Kuo TF, Lin JA, Mikami T, Kai C, Takahashi E (2001) Seroprevalence of canine distemper virus in cats. *Clin Diagn Lab Immunol* 8: 641-644. (イエネコのCDV感染)
5. Sakai K, Nagata N, Ami Y, Seki F, Suzaki Y, Iwata-Yoshikawa N, Suzuki T, Fukushi S, Mizutani T, Yoshikawa T, Otsuki N, Kurane I, Komase K, Yamaguchi R, Hasegawa H, Saijo M, Takeda M, Morikawa S. (2013) Lethal canine distemper virus outbreak in cynomolgus monkeys in Japan in 2008. *J Virol* 87: 1105-1114. (CDVによるカニクイザルの連続死)

6. Sakai K, Yoshikawa T, Seki F, Fukushi S, Tahara M, Nagata N, Ami Y, Mizutani T, Kurane I, Yamaguchi R, Hasegawa H, Saijo M, Komase K, Morikawa S, Takeda M (2013) Canine distemper virus associated with a lethal outbreak in monkeys can readily adapt to use human receptors. *J Virol* 87: 7170-7175. (ヒト細胞に感染するCDVの変異)
7. Yang S, Wang S, Feng H, Zeng L, Xia Z, Zhang R, Zou X, Wang C, Liu Q, Xia X (2010) Isolation and characterization of feline panleukopenia virus from a diarrheic monkey. *Vet Microbiol* 143: 155-159. (ネコパルボウイルスによるアカゲザルとカニクイザルの死)
8. 稲垣晴久、山根到、浜井美弥、伊佐正、岡本宗裕 (2012) SRV-5の関与が疑われる血小板減少症 -生理学研究所ニホンザルにおける事例- オベリスク 17(1): 1-3.
9. 喜多正和、岡本宗裕 (2011) サルレトロウイルス4型 (SRV-4) 実験動物ニュース 60(4): 5-7. (サルレトロウイルス4型によるニホンザル血小板減少症)
10. Ahmed M, Mayyasi SA, Chopra HC, Zelljadt I, Jensen EM (1971) Mason-Pfizer monkey virus isolated from spontaneous mammary carcinoma of a female monkey. I. Detection of virus antigens by immunodiffusion, immunofluorescent, and virus agglutination techniques. *J Natl Cancer Inst* 46(6):1325-1334. (1971年、サルレトロウイルス〔Mason-Pfizer monkey virus〕発見の論文)
11. Yoshikawa R, Okamoto M, Sakaguchi S, Nakagawa S, Miura T, Hirai H, Miyazawa T (2015) Simian retrovirus 4 induces lethal acute thrombocytopenia in Japanese macaques. *J Virol* 89: 3965-3975. (サルレトロウイルス4型の感染実験)
12. Okamoto M, Miyazawa T, Morikawa S, Ono F, Nakamura S, Sato

E, Yoshida T, Yoshikawa R, Sakai K, Mizutani T, Nagata N, Takano J, Okabayashi S, Hamano M, Fujimoto K, Nakaya T, Iida T, Horii T, Miyabe-Nishiwaki T, Watanabe A, Kaneko A, Saito A, Matsui A, Hayakawa T, Suzuki J, Akari H, Matsuzawa T, Hirai H (2015) Emergence of infectious malignant thrombocytopenia in Japanese macaques (Macaca fuscata) by SRV-4 after transmission to a novel host. *Sci Rep* 5: 8850. (霊長類研究所でのサル血小板減少症の発生について)

13. Sato K, Kobayashi T, Misawa N, Yoshikawa R, Takeuchi JS, Miura T, Okamoto M, Yasunaga J, Matsuoka M, Ito M, Miyazawa T, Koyanagi Y (2015) Experimental evaluation of the zoonotic infection potency of simian retrovirus type 4 using humanized mouse model. *Sci Rep* 5: 14040. (ヒト化マウスでのサルレトロウイルス4型の感染実験)
14. Koide R, Yoshikawa R, Okamoto M, Sakaguchi S, Suzuki J, Isa T, Nakagawa S, Sakawaki H, Miura T, Miyazawa T (2019) Experimental infection of Japanese macaques with simian retrovirus 5. *J Gen Virol* 100(2): 266-277. (サルレトロウイルス5型の感染実験)
15. Hemelaar J (2012) The origin and diversity of the HIV-1 pandemic. *Trends Mol Med* 18(3): 182-192. (HIV-1の起源と多様性)
16. Pedersen NC, Elliott JB, Glasgow A, Poland A, Keel K (2000) An isolated epizootic of hemorrhagic-like fever in cats caused by a novel and highly virulent strain of feline calicivirus. *Vet Microbiol* 73: 281-300. (劇症型ネコカリシウイルス)
17. Abrantes J, van der Loo W, Le Pendu J, Esteves PJ (2012) Rabbit haemorrhagic disease (RHD) and rabbit haemorrhagic disease virus (RHDV): a review. *Vet Res* 43(1): 12. (ウサギカリシウイルス

〔ラゴウイルス〕によるウサギ出血症)

18. Fujiyuki T, Takeuchi H, Ono M, Ohka S, Sasaki T, Nomoto A, Kubo T (2004) Novel insect picorna-like virus identified in the brains of aggressive worker honeybees. *J Virol* 78(3): 1093-1100. (攻撃バチに感染するピコルナウイルス〔カクゴウイルス〕)

19. Boodhoo N, Gurung A, Sharif S, Behboudi S (2016) Marek's disease in chickens: a review with focus on immunology. *Vet Res* 47(1):119. (マレック病の総説)

20. Levy AM, Gilad O, Xia L, Izumiya Y, Choi J, Tsalenko A, Yakhini Z, Witter R, Lee L, Cardona CJ, Kung HJ (2005) Marek's disease virus Meq transforms chicken cells via the v-Jun transcriptional cascade: a converging transforming pathway for avian oncoviruses. *Proc Natl Acad Sci USA* 102(41):14831-14836. (マレック病ウイルスのがん遺伝子〔Meq〕)

21. Isfort RJ, Qian Z, Jones D, Silva RF, Witter R, Kung HJ (1994) Integration of multiple chicken retroviruses into multiple chicken herpesviruses: herpesviral gD as a common target of integration. *Virology* 203(1):125-133. (レトロウイルスがヘルペスウイルスに入り込む)

22. 宮沢孝幸、下出紗弓、中川草 (2016) RD-114物語：ネコの移動の歴史を探るレトロウイルス ウイルス 66(1)： 21-30. (RD-114ウイルスの日本語総説)

23. Miyazawa T (2015) The Concept of Multidimensional Neovirology (高次元ネオウイルス学の提唱) *Institute for Virus Research's Retreat* (2015年12月21日講演、琵琶湖ホテル) (高次元〔多次元〕ネオウイルス学の初の提唱)

24. Woo PC, Lau SK, Wong BH, Fan RY, Wong AY, Zhang AJ, Wu Y, Choi GK, Li KS, Hui J, Wang M, Zheng BJ, Chan KH, Yuen KY (2012) Feline

morbillivirus, a previously undescribed paramyxovirus associated with tubulointerstitial nephritis in domestic cats. *Proc Natl Acad Sci USA* 109(14):5435-5440. (ネコの腎不全と関連するネコモルビリウイルスの発見)

제2장 인간은 바이러스와 함께 살아간다

1 . World Wide Fund for Nature (2020) COVID19: Urgent call to protect people and nature. (ヒト新興ウイルス感染症の出現数の推移)

2 . 山田章雄 (2004) 人獣共通感染症 ウイルス 54(1): 17-22. (人獣共通感染症に関する総説)

3 . Barton ES, White DW, Cathelyn JS, Brett-McClellan KA, Engle M, Diamond MS, Miller VL, Virgin HW 4th (2007) Herpesvirus latency confers symbiotic protection from bacterial infection. *Nature* 447(7142): 326-329. (ヘルペスウイルスとペスト菌を抑制する)

4 . Machiels B, Dourcy M, Xiao X, Javaux J, Mesnil C, Sabatel C, Desmecht D, Lallemand F, Martinive P, Hammad H, Guilliams M, Dewals B, Vanderplasschen A, Lambrecht BN, Bureau F, Gillet L (2017) A gammaherpesvirus provides protection against allergic asthma by inducing the replacement of resident alveolar macrophages with regulatory monocytes. *Nat Immunol* 18(12): 1310-1320. (ガンマヘルペスウイルスによるアレルギー性喘息の予防効果)

5 . NHK「サイエンスＺＥＲＯ」取材班、藤堂具紀 NHKサイエンスＺＥＲＯ ウイルスでがん消滅 (NHK出版) (腫瘍溶解性ウイルスについての解説)

6. Hashimoto-Gotoh A, Kitao K, Miyazawa T (2020) Persistent infection of simian foamy virus derived from the Japanese macaque leads to the high-level expression of microRNA that resembles the miR-1 microRNA precursor family. *Microbes Environ* 35(1): ME19130. (非病原性のサルフォーミーウイルスから産生される抗腫瘍性miRNA)

제3장 도대체 '바이러스'란 무엇인가

1. Temin HM, Mizutani S (1970) RNA-dependent DNA polymerase in virions of Rous sarcoma virus. *Nature* 226(5252): 1211-1213. (逆転写酵素の発見)
2. Bergh O, Børsheim KY, Bratbak G, Heldal M (1989) High abundance of viruses found in aquatic environments. *Nature* 340(6233): 467-468. (海の中のウイルス量)
3. 公益社団法人日本獣医学会微生物学分科会編 (2018) 獣医微生物学 第4版 (文永堂出版)
4. Tyrell DA, Almeida JD, Berry DM. Cunningham CH, Hamre D, Hofstad MS, Mulluci L, McIntosh K (1968) Coronaviruses. *Nature (Lond.)* 220: 650. (コロナウイルスの発見と命名)
5. Xiao K, Zhai J, Feng Y, Zhou N, Zhang X, Zou JJ, Li N, Guo Y, Li X, Shen X, Zhang Z, Shu F, Huang W, Li Y, Zhang Z, Chen RA, Wu YJ, Peng SM, Huang M, Xie WJ, Cai QH, Hou FH, Chen W, Xiao L, Shen Y (2020) Isolation of SARS-CoV-2-related coronavirus from Malayan pangolins. *Nature* 583(7815):286-289. (センザンコウからのSARS-CoV-2関連ウイルスの分離)
6. Rasschaert D, Duarte M, Laude H (1990) Porcine respiratory

coronavirus differs from transmissible gastroenteritis virus by a few genomic deletions. *J Gen Virol* 71(Pt 11): 2599-2607. （ブタ伝染性胃腸炎ウイルスはSタンパク質の変異でブタ呼吸器コロナウイルスとなる）

7. Das Sarma J, Fu L, Hingley ST, Lai MM, Lavi E (2001) Sequence analysis of the S gene of recombinant MHV-2/A59 coronaviruses reveals three candidate mutations associated with demyelination and hepatitis. *J Neurovirol* 7(5): 432-436. （神経傷害性のマウスコロナウイルス）

8. Huynh J, Li S, Yount B, Smith A, Sturges L, Olsen JC, Nagel J, Johnson JB, Agnihothram S, Gates JE, Frieman MB, Baric RS, Donaldson EF (2012) Evidence supporting a zoonotic origin of human coronavirus strain NL63. *J Virol* 86(23): 12816-12825. （ヒトコロナウイルスNL63の起源）

9. Hoffmann M, Kleine-Weber H, Schroeder S, Krüger N, Herrler T, Erichsen S, Schiergens TS, Herrler G, Wu NH, Nitsche A, Müller MA, Drosten C, Pöhlmann S (2020) SARS-CoV-2 cell entry depends on ACE2 and TMPRSS2 and is blocked by a clinically proven protease inhibitor. *Cell* 181(2): 271-280.e8. （SARS-CoV-2の受容体の同定）

10. Hofmann H, Pyrc K, van der Hoek L, Geier M, Berkhout B, Pöhlmann S (2005) Human coronavirus NL63 employs the severe acute respiratory syndrome coronavirus receptor for cellular entry. *Proc Natl Acad Sci USA* 102(22): 7988-7993. （ヒトコロナウイルスNL63の感染受容体）

11. Terada Y, Matsui N, Noguchi K, Kuwata R, Shimoda H, Soma T, Mochizuki M, Maeda K (2014) Emergence of pathogenic coronaviruses in cats by homologous recombination between

feline and canine coronaviruses. *PLoS One* 9(9): e106534. (ネコ コロナウイルスとイヌコロナウイルスの組換え)

12. Doctor YouMe (2021) 若手ウイルス研究者がざっくり教える新型コロナウイルス (特に変異株) Ver.2.0

13. Sassa Y, Yamamoto H, Mochizuki M, Umemura T, Horiuchi M, Ishiguro N, Miyazawa T (2011) Successive deaths of a captive snow leopard (Uncia uncia) and a serval (Leptailurus serval) by infection with feline panleukopenia virus at Sapporo Maruyama Zoo. *J Vet Med Sci* 73(4): 491-494. (ネコパルボウイルスによる大型ネコ科動物の死)

14. Ikeda Y, Nakamura K, Miyazawa T, Takahashi E, Mochizuki M (2002) Feline host range of canine parvovirus: recent emergence of new antigenic types in cats. *Emerg Infect Dis* 8(4): 341-346. (ネコパルボウイルスに関する総説)

15. Ikeda Y, Mochizuki M, Naito R, Nakamura K, Miyazawa T, Mikami T, Takahashi E (2000) Predominance of canine parvovirus (CPV) in unvaccinated cat populations and emergence of new antigenic types of CPVs in cats. *Virology* 278(1): 13-19. (ベトナムにおける新型ネコパルボウイルスの分離)

16. Noda T (2020) Selective genome packaging mechanisms of influenza A viruses. *Cold Spring Harb Perspect Med* 24: a038497. (インフルエンザウイルスの分節のパッケージング)

17. Moreno E, Ojosnegros S, García-Arriaza J, Escarmís C, Domingo E, Perales C (2014) Exploration of sequence space as the basis of viral RNA genome segmentation. *Proc Natl Acad Sci USA* 111(18): 6678-6683. (セグメントウイルスの起源に関する論文)

1. Arvin AM, Fink K, Schmid MA, Cathcart A, Spreafico R, Havenar-Daughton C, Lanzavecchia A, Corti D, Virgin HW (2020) A perspective on potential antibody-dependent enhancement of SARS-CoV-2. *Nature* 584(7821): 353-363. (SARS-CoV-2の抗体依存性感染増強〔ADE〕に関する総説)
2. Takano T, Nakaguchi M, Doki T, Hohdatsu T (2017) Antibody-dependent enhancement of serotype II feline enteric coronavirus infection in primary feline monocytes. *Arch Virol* 162(11): 3339-3345. (ネココロナウイルスのADEの論文)
3. Hosie MJ, Flynn JN, Rigby MA, Cannon C, Dunsford T, Mackay NA, Argyle D, Willett BJ, Miyazawa T, Onions DE, Jarrett O, Neil JC (1998) DNA vaccination affords significant protection against feline immunodeficiency virus infection without inducing detectable antiviral antibodies. *J Virol* 72(9): 7310-7319. (ネコ免疫不全ウイルスのDNAワクチン開発)
4. Deng SQ, Yang X, Wei Y, Chen JT, Wang XJ, Peng HJ (2020) A review on dengue vaccine development. *Vaccines (Basel)* 8(1): 63. (デングウイルスワクチンに関する総説)
5. Zhang XM, Herbst W, Kousoulas KG, Storz J (1994) Biological and genetic characterization of a hemagglutinating coronavirus isolated from a diarrhoeic child. *J Med Virol* 44(2): 152-161. (下痢を起こすヒト腸コロナウイルス4408の性状解析)

1. Yoshida M, Miyoshi I, Hinuma Y (1982) Isolation and characterization of retrovirus from cell lines of human adult T-cell leukemia and its implication in the disease. *Proc Natl Acad Sci USA* 79(6):2031-2035. (HTLV-1〔ATLV〕の分離と成人T細胞白血病との関連)
2. Barré-Sinoussi F, Chermann JC, Rey F, Nugeyre MT, Chamaret S, Gruest J, Dauguet C, Axler-Blin C, Vézinet-Brun F, Rouzioux C, Rozenbaum W, Montagnier L (1983) Isolation of a T-lymphotropic retrovirus from a patient at risk for acquired immune deficiency syndrome (AIDS). *Science* 220(4599): 868-871. (ヒト免疫不全ウイルスの分離)
3. Mikkelsen TS, Wakefield MJ, Aken B, Amemiya CT, Chang JL, Duke S, Garber M, Gentles AJ, Goodstadt L, Heger A, Jurka J, Kamal M, Mauceli E, Searle SM, Sharpe T, Baker ML, Batzer MA, Benos PV, Belov K, Clamp M, Cook A, Cuff J, Das R, Davidow L, Deakin JE, Fazzari MJ, Glass JL, Grabherr M, Greally JM, Gu W, Hore TA, Huttley GA, Kleber M, Jirtle RL, Koina E, Lee JT, Mahony S, Marra MA, Miller RD, Nicholls RD, Oda M, Papenfuss AT, Parra ZE, Pollock DD, Ray DA, Schein JE, Speed TP, Thompson K, VandeBerg JL, Wade CM, Walker JA, Waters PD, Webber C, Weidman JR, Xie X, Zody MC; Broad Institute Genome Sequencing Platform; Broad Institute Whole Genome Assembly Team, Graves JA, Ponting CP, Breen M, Samollow PB, Lander ES, Lindblad-Toh K (2007) Genome of the marsupial *Monodelphis domestica* reveals innovation in non-coding sequences. Nature 447(7141): 167-177. (オポッサムのゲノムプロジェクト報告)
4. Gifford R, Tristem M (2003) The evolution, distribution and

diversity of endogenous retroviruses. *Virus Genes* 26(3): 291-315. (内在性レトロウイルスに関する総説)

5. Tarlinton RE, Meers J, Young PR (2006) Retroviral invasion of the koala genome. *Nature* 442(7098): 79-81. (コアラのゲノムに侵入するレトロウイルス)

6. 日経サイエンス編集部 (2004) 崩れるゲノムの常識 別冊日経サイエンス146

7. Kitao K, Nakagawa S, Miyazawa T (2021) An ancient retroviral RNA element hidden in mammalian genomes and its involvement in coopted retroviral gene regulation. *BioRxiv* (Preprint) doi: https://doi.org/10.1101/2021.03.02.433518 (古代のレトロウイルスと現代のレトロウイルスの発現制御の違い)

8. Coufal NG, Garcia-Perez JL, Peng GE, Yeo GW, Mu Y, Lovci MT, Morell M, O'Shea KS, Moran JV, Gage FH (2009) L1 retrotransposition in human neural progenitor cells. *Nature* 460(7259):1127-1131. (LINEによる脳のゲノムの書き換え)

9. Horie M, Honda T, Suzuki Y, Kobayashi Y, Daito T, Oshida T, Ikuta K, Jern P, Gojobori T, Coffin JM, Tomonaga K (2010) Endogenous non-retroviral RNA virus elements in mammalian genomes. *Nature* 463(7277):84-87. (非レトロウイルス[ボルナウイルス]の内在化)

10. McAllister RM, Nicolson M, Gardner MB, Rongey RW, Rasheed S, Sarma PS, Huebner RJ, Hatanaka M, Oroszlan S, Gilden RV, Kabigting A, Vernon L (1972) C-type virus released from cultured human rhabdomyosarcoma cells. *Nat New Biol* 235(53): 3-6. (ヒト横紋筋肉腫から産生されるレトロウイルス[RD-114ウイルスの発見])

11. Weiss RA (2006) The discovery of endogenous retroviruses. *Retro-*

virology 3:67. (内在性レトロウイルスの発見の経緯)

12 . International Human Genome Sequencing Consortium (2001) Initial sequencing and analysis of the human genome. *Nature* 409(6822): 860-921. (ヒトゲノムプロジェクトの最初のレポート)

13 . Kazazian HH Jr. (2004) Mobile elements: drivers of genome evolution. *Science* 303(5664): 1626-1632. (LINEとSINEによるスプライスパターンの変化)

14 . Pearson MN, Rohrmann GF (2006) Envelope gene capture and insect retrovirus evolution: the relationship between errantivirus and baculovirus envelope proteins. *Virus Res* 118(1-2):7-15. (昆虫のレトロウイルスとエンベロープタンパク質の起源)

15 . Overbaugh J, Riedel N, Hoover EA, Mullins JI (1988) Transduction of endogenous envelope genes by feline leukaemia virus *in vitro*. *Nature* 332(6166): 731-734. (ネコ白血病ウイルスサブグループBは内在性レトロウイルスとの組換えで生じる)

16 . Anderson MM, Lauring AS, Burns CC, Overbaugh J (2000) Identification of a cellular cofactor required for infection by feline leukemia virus. *Science* 287(5459): 1828-1830. (ネコ白血病ウイルスの感染を助長する内在性レトロウイルス由来タンパク質FeLIXの発見)

17 . Mullins JI, Hoover EA, Overbaugh J, Quackenbush SL, Donahue PR, Poss ML (1989) FeLV-FAIDS-induced immunodeficiency syndrome in cats. *Vet Immunol Immunopathol* 21(1): 25-37. (ネコ白血病ウイルスの変異株による免疫不全)

18 . Sakaguchi S, Shojima T, Fukui D, Miyazawa T (2015) A soluble envelope protein of endogenous retrovirus (FeLIX) present in serum of domestic cats mediates infection of a pathogenic variant of feline leukemia virus. *J Gen Virol* 96(Pt 3): 681-687. (レトロウ

イルスの感染を助長する内在性レトロウイルス由来タンパク質FeLIXは血液中に存在する)

19. Heidmann O, Béguin A, Paternina J, Berthier R, Deloger M, Bawa O, Heidmann T (2017)
HEMO, an ancestral endogenous retroviral envelope protein shed in the blood of pregnant women and expressed in pluripotent stem cells and tumors. *Proc Natl Acad Sci USA* 114(32): E6642-E6651. (妊娠中に発現する内在性レトロウイルスタンパク質)

제6장 인간의 태반은 레트로바이러스에 의해 생겨났다

1. Mi S, Lee X, Li X, Veldman GM, Finnerty H, Racie L, LaVallie E, Tang XY, Edouard P, Howes S, Keith JC Jr, McCoy JM (2000) Syncytin is a captive retroviral envelope protein involved in human placental morphogenesis. *Nature* 403(6771): 785-789. (胎盤で機能する内在性レトロウイルス[Syncytin]の発見)
2. Nakaya Y, Miyazawa T (2015) The roles of syncytin-like proteins in ruminant placentation. *Viruses* 7(6):2928-2942. (反芻動物の胎盤形成に関与する内在性レトロウイルス)
3. 仲屋友喜、宮沢孝幸 (2015) 霊長類および反芻類の胎盤形成に関与する内在性レトロウイルス 生物科学 67: 28-37.
4. Imakawa K, Nakagawa S, Miyazawa T (2015) Baton pass hypothesis: successive incorporation of unconserved endogenous retroviral genes for placentation during mammalian evolution. *Genes Cells* 20(10):771-788. (内在性レトロウイルスのバトンパス仮説の総説)
5. Nakaya Y, Koshi K, Nakagawa S, Hashizume K, Miyazawa T

(2013) Fematrin-1 is involved in fetomaternal cell-to-cell fusion in Bovinae placenta and has contributed to diversity of ruminant placentation. *J Virol* 87(19): 10563-10572. (ウシ亜科の胎盤形成に関与する内在性レトロウイルス由来遺伝子〔Fematrin-1〕)

6. 宮沢孝幸 (2014) 胎盤の多様化と古代ウイルス - エンベロープタンパク質が結ぶ母と子の絆 - うつる 生命誌年刊号vol.81.
7. Tarlinton RE, Meers J, Young PR (2006) Retroviral invasion of the koala genome. *Nature* 442(7098): 79-81. (コアラのゲノムに侵入するレトロウイルス)
8. Takahashi K, Yamanaka S (2006) Induction of pluripotent stem cells from mouse embryonic and adult fibroblast cultures by defined factors. *Cell* 126(4): 663-676. (4因子導入による人工多能性幹細胞〔iPS細胞〕樹立)
9. Macfarlan TS, Gifford WD, Driscoll S, Lettieri K, Rowe HM, Bonanomi D, Firth A, Singer O, Trono D, Pfaff SL (2012) Embryonic stem cell potency fluctuates with endogenous retrovirus activity. *Nature* 487(7405): 57-63. (胚性幹細胞の能力は内在性レトロウイルスの活性によって変動する)
10. Cinkornpumin JK, Kwon SY, Guo Y, Hossain I, Sirois J, Russett CS, Tseng HW, Okae H, Arima T, Duchaine TF, Liu W, Pastor WA (2020) Naive human embryonic stem cells can give rise to cells with a trophoblast-like transcriptome and methylome. *Stem Cell Reports* 15(1): 198-213. (ES細胞から胎盤様細胞への変換)
11. Yu L, Wei Y, Duan J, Schmitz DA, Sakurai M, Wang L, Wang K, Zhao S, Hon GC, Wu J. (2021) Blastocyst-like structures generated from human pluripotent stem cells. *Nature* (Online ahead of print) doi: 10.1038/s41586-021-03356-y.
12. Liu Z, Cai Y, Wang Y, Nie Y, Zhang C, Xu Y, Zhang X, Lu Y, Wang Z,

Poo M, Sun Q (2018) Cloning of macaque monkeys by somatic cell nuclear transfer. *Cell* 172(4): 881-887. (体細胞核移植によるクローンサルの作成)

13. Patience C, Takeuchi Y, Weiss RA (1997) Infection of human cells by an endogenous retrovirus of pigs. *Nat Med* 3(3): 282-286. (ブタ内在性レトロウイルスの発見)

14. Wynyard S, Nathu D, Garkavenko O, Denner J, Elliott R (2014) Microbiological safety of the first clinical pig islet xenotransplantation trial in New Zealand. *Xenotransplantation* 21(4): 309-323. (ニュージーランドにおける膵島の異種移植)

15. Niu D, Wei HJ, Lin L, George H, Wang T, Lee IH, Zhao HY, Wang Y, Kan Y, Shrock E, Lesha E, Wang G, Luo Y, Qing Y, Jiao D, Zhao H, Zhou X, Wang S, Wei H, Güell M, Church GM, Yang L (2017) Inactivation of porcine endogenous retrovirus in pigs using CRISPR-Cas9. *Science* 357(6357): 1303-1307. (CRISPR-Cas9を用いたブタ内在性レトロウイルスノックアウトブタの作出)

16. Mangeney M, Pothlichet J, Renard M, Ducos B, Heidmann T (2005) Endogenous retrovirus expression is required for murine melanoma tumor growth *in vivo*. *Cancer Res* 65(7): 2588-2591. (マウスのメラノーマの転移に関与する内在性レトロウイルス)

제7장 생물의 진화에 공헌해온 레트로바이러스

1. 日経サイエンス編集部 (2004) 崩れるゲノムの常識 別冊日経サイエンス146

2. Matsui T, Miyamoto K, Kubo A, Kawasaki H, Ebihara T, Hata K, Tanahashi S, Ichinose S, Imoto I, Inazawa J, Kudoh J, Amagai M

(2011) SASPase regulates stratum corneum hydration through profilaggrin-to-filaggrin processing. *EMBO Mol Med* 3(6): 320-333. (皮膚の進化に関与した古代ウイルス由来の酵素)

3. 片岡龍峰 (2016) 宇宙災害:太陽と共に生きるということ (DOJIN選書)

4. Ito H, Gaubert H, Bucher E, Mirouze M, Vaillant I, Paszkowski J (2011) An siRNA pathway prevents transgenerational retrotransposition in plants subjected to stress. *Nature* 472(7341): 115-119. (siRNAはストレスをうけた植物においてトランスポゾンの子孫への転移を抑制する)

바이러스란 도대체 무엇인가

초판1쇄 인쇄 | 2022년 1월 5일
초판1쇄 발행 | 2022년 1월 10일

펴낸곳 | 에포케
펴낸이 | 정영국

지은이 | 미야자와 타카유키
옮긴이 | 이정현

편집 디자인 | 오즈 커뮤니케이션
제작·마케팅 | 박용일
원색분해·출력 | 거호 프로세스
인쇄 | OK P&C

주소 | 서울시 구로구 디지털로 288, 대륭포스트타워1차
전화 | 02)-2135-8301
팩스 | 02)-584-9306
등록번호 | 제25100-2015-000022호
ISBN | 978-89-19-20593-8
www.hakwonsa.com